匠造

建发房产作品集

建发房产 编著

代建·公建

中国建筑工业出版社

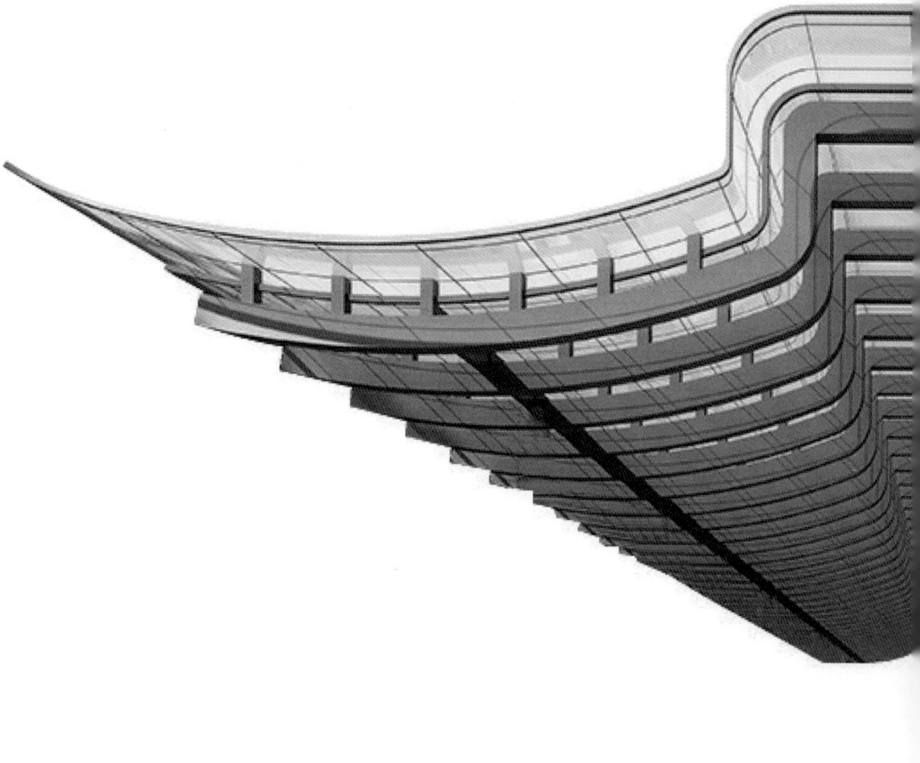

2008

厦门国际会议中心

厦门国际会议中心音乐厅

2011

厦门市公安消防支队
经济适用房

2010

彭州市人民医院

厦门国际会议中心酒店

2013

厦门国际金融中心

2015

厦门明溢花园

厦门档案大楼

后埔社区发展中心项目（一期）-南楼

2016

厦门自贸区中心渔港

2017

厦门金枋世家

厦门畲族社区安置房A区

厦门钟宅拆迁办公楼

后埔社区发展中心项目（一期）-北楼

湖里区文化艺术中心及后埔社区发展中心项目（三期）

枋湖雅苑安置房

上海建发国际大厦

厦门建发国际大厦

厦门翔城国际

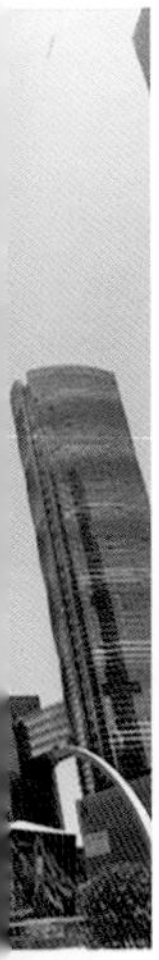

目录

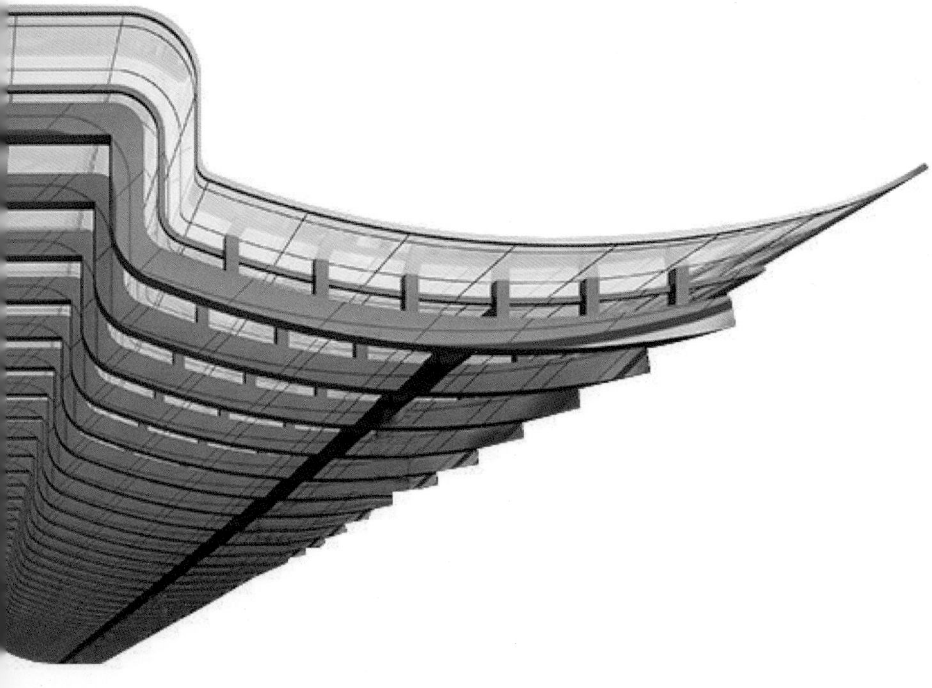

后吴公寓

翔安新店林前综合体

翔安新店保障房地铁社区

厦门弘爱妇产医院

中国人民银行厦门市中心支行营业办公用房

厦门金砖五国会议主会场

洋唐居住区保障性安居工程

2019

美仑花园安置房

金林湾花园B区安置房

后埔社区发展中心项目

钟宅新家园改造

海沧新阳保障性住房

黄厝会议中心安置房

欧厝新村建设工程

薛岭安置房

枋湖安置房

厦门湖里区社会福利服务中心

洋唐保障性安居工程三期

中国人民银行厦门市中心支行新建发行库房和人防工程

后埔社区发展中心项目(二期)

祥平保障房地铁社区三期项目

新浦嘉园安置房项目

澳头特色小镇代建项目

2018

海沧新阳地铁社区一期

厦门金枋至尊安置房

厦门弘爱医院

我们有跨领域探索的勇气：
可以第一次做商场，就火爆全城；
可以把保障房做到获得“鲁班奖”；
可以创造从规划到落地仅两个月的“新店速度”；
可以在地铁上盖、公交枢纽交错的复杂场地里建设高层办公建筑······

我们有过硬的专业实力：
可以承建和改造出国际级别会议场馆；
可以建成能举办国际会演的顶级音乐厅；
可以完成极其复杂的三级综合医院的建设；
可以盖出曾经的厦门第一高楼（219.85m）······

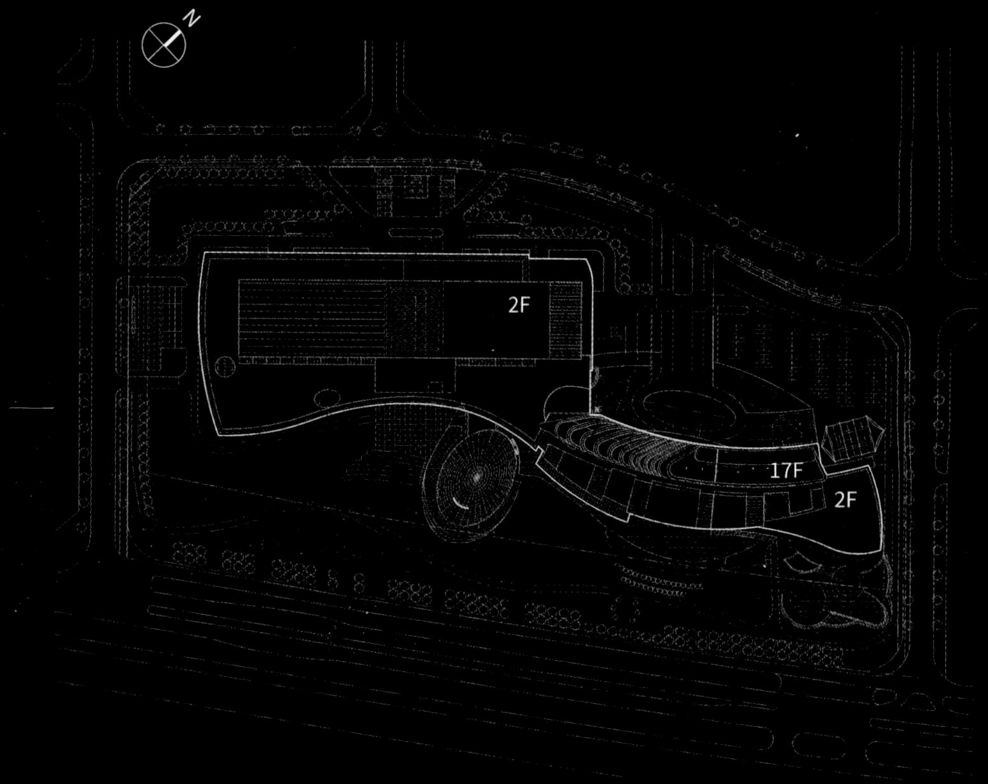
N
2F
17F
2F

厦门·国际会议中心

2008年

建发『代建』，就意味着品质的保障，
而这一切，源于厦门国际会议中心。

占地面积：11.8万m^2
总建筑面积：14万m^2
容积率：0.91
竣工时间：2008年

项目包括国际会议中心、国际会议中心酒店及会议中心音乐厅，是厦门的海峡交流窗口和对外的国际贸易中心。国际会议中心是按国际标准建设的高档会议场馆，毗邻厦门国际会展中心，总建面积约14万m^2，已于2008年建成投用，是举办高档会议、宴会、商旅的理想会所。

应时而生

在2007年，为进一步提升"98"会议的品质和厦门的形象，市政府要求建发集团总体负责该片区开发，在一年内完成厦门国际会议中心项目建设，于是，建发工程建设管理有限公司应运而生。这就是兆信公司的前身，所承接的第一个项目就是厦门国际会议中心。项目团队最终不辱使命，完美交出答卷。

其后，2009年4月，厦门兆信工程管理有限公司正式成立，"工程代建"成为其主要核心业务之一。

厦门 · 国际会议中心酒店

厦门 · 国际会议中心音乐厅

厦门·国际会议中心音乐厅

地上建筑面积：5000m^2
竣工时间：2008年

会议中心音乐厅，可容纳800多名观众，建筑高雅堂皇，建筑声学效果一流。

厦门 · 国际会议中心音乐厅内景

声效一流

由于高规格音乐厅对音质要求极高，建发团队组织声学顾问，根据建筑声学的隔声要求，对所有房间地面、墙、顶面的图纸构造处理进行专项设计，并邀请国内著名指挥家、院士、大学声学教授现场审核，测试空场声学效果及满场声学效果，其响度、混响时间、清晰度、声扩散、噪声等多项指标均评定优良。

厦门 · 国际会议中心远眺音乐厅

项目落成后，首场演出的爱乐乐团对音乐厅效果赞不绝口，认为该音乐厅达到国际一流水准，混响时间达到最佳标准。

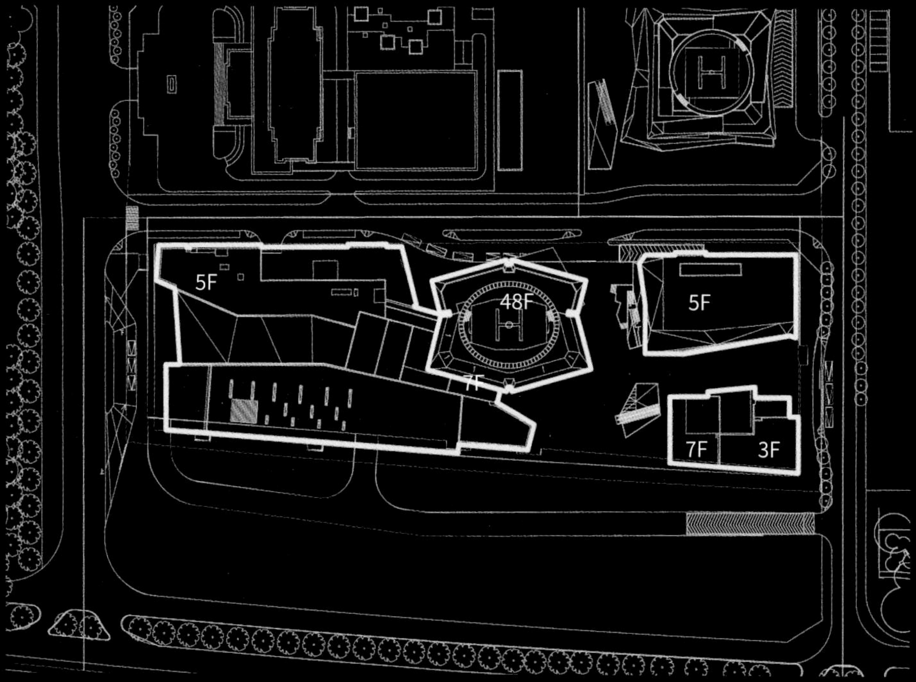
5F
48F
5F
7F
7F
3F

厦门·建发国际大厦

2013年

2016年，第14号超强台风莫兰蒂直击厦门，作为当年全球海域最强风暴之一，破坏巨大。建发国际大厦身处一线沿海重灾区，却是该片区损失最小的建筑之一。

占地面积：2.1万m^2
总建筑面积：17.8万m^2
容积率：5.6
竣工时间：2013年

地处厦门国际会展中心北片区，拥有一线的海景资源，为建发集团总部办公大楼。它以国际甲级写字楼标准设计，是集现代化、国际化、智能化于一体的东南沿海地标性建筑。

厦门 · 建发国际大厦

FANCL
BOSS
MUJI

厦门 · 建发国际大厦立面

会客厅

建发国际大厦作为企业总部大楼、公司的会客厅，既要给拜访者留下好的印象，也要让使用者感到舒适。

首次来到大厦的人，常会惊诧于为什么我们的门厅位于二层。但当他真正来到二层，在等待电梯的间隙，抬眼看向高达两层的落地大玻璃的时候，就顿然领悟其中的奥妙所在。

视线越过环岛路郁郁葱葱的绿植，直视一望无垠的大海，在工作的紧张气氛中，也能小憩一下，收拾心情。

厦门 · 建发国际大厦二层大堂及电梯厅

技术实力

项目开工之时，会展北片区周边，建发国际大厦、厦门国际金融中心及中国人民银行厦门市中心支行营业办公用房均由建发房产负责代建。出于该片区地下室整体考虑，各个办公楼的地下室资源调配，市政府决定几栋超高层建筑整体协调，连通形成巨型地下室。由于几个项目地下室层高不同，标高不一致，且跨越市政道路，需要避开市政管线，困难很大，涉及的变更、专业无数。建发团队没有选择，只能迎难而上，迅速调整方案平面，加深基坑深度，并没有使工程停滞下来。

建发国际大厦是厦门较早采用滑模施工方式的建筑，施工时脚手架较少，立面较干净，引来众多同行业观摩学习者。

首轮精装方案，项目团队在进行现场打样的时候，发现了部分前期方案未发现的问题，出于对品质的不懈追求，不惜放弃已经打好的样，要求方案推翻重来。设计团队临危受命，赴港邀请了3家知名设计公司，重新就精装方案进行邀请招标。最终选出了这个经典庄重、大气而不失时尚的方案，并在打样阶段，高要求地对整层效果进行了打样，保证落地效果。

厦门 · 建发国际大厦及国际金融中心

厦门 · JFC—A 馆

厦门 · JFC—B 馆

分散商业

商业裙房（即JFC）为分散的几个小商业体，是建发房产少有的分散式商业综合体。

厦门 · JFC 街景

厦门·JFC—A馆商场内景

厦门·JFC-A馆商场内景

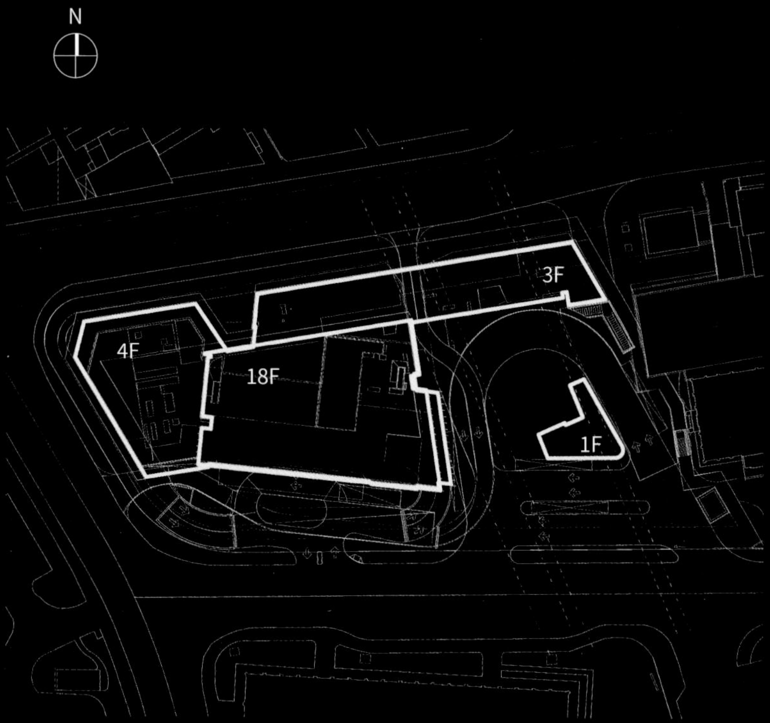
N
4F
18F
3F
1F

上海·建发国际大厦

2017年

上海北外滩＋地铁上盖＋地标物业。

占地面积：0.9万m^2
总建筑面积：5.12万m^2
容积率：3.5
竣工时间：2017年

项目为上海北外滩的5A甲级一线商务中心，总建筑面积约5.12万m^2，商务办公面积约2.56万m^2、商业面积约8800m^2，标准层面积约1200–1600m^2。上海建发国际大厦地处沿江风景带，拥有绝佳的区域优势，可俯瞰黄浦江一线江景。

上海 · 建发国际大厦

江景

上海 · 黄浦江江景

建发国际大厦位于黄浦江北侧，秦皇岛路渡口以北，对岸即是陆家嘴核心商务区。考虑到江景优势，建筑南立面尽可能地采用落地玻璃来保证室内视野。

上海·建发国际大厦室外廊道远眺东方明珠

上海 · 建发国际大厦通高中庭仰视

共享中庭

办公区域设置3块中庭空间，通高5层，形成办公空间到户外空间的自然过渡，向南可观外滩高楼林立的独特天际线，向北即见杨浦区新旧共存的城市风貌。

上海：建发国际大厦中庭

上海 · 建发国际大厦仰视玻璃顶盖

地铁

针对项目本身位于地铁上盖及现存公交枢纽的诸多复杂现状，我们重点设计了公交流线，有效缓冲车流与人行交叉带来的压力，加盖玻璃顶盖的设计将建筑主体与公交枢纽归为整体。地铁、公交与码头在此紧密衔接，让建发大厦成为本区域重要的交通枢纽。

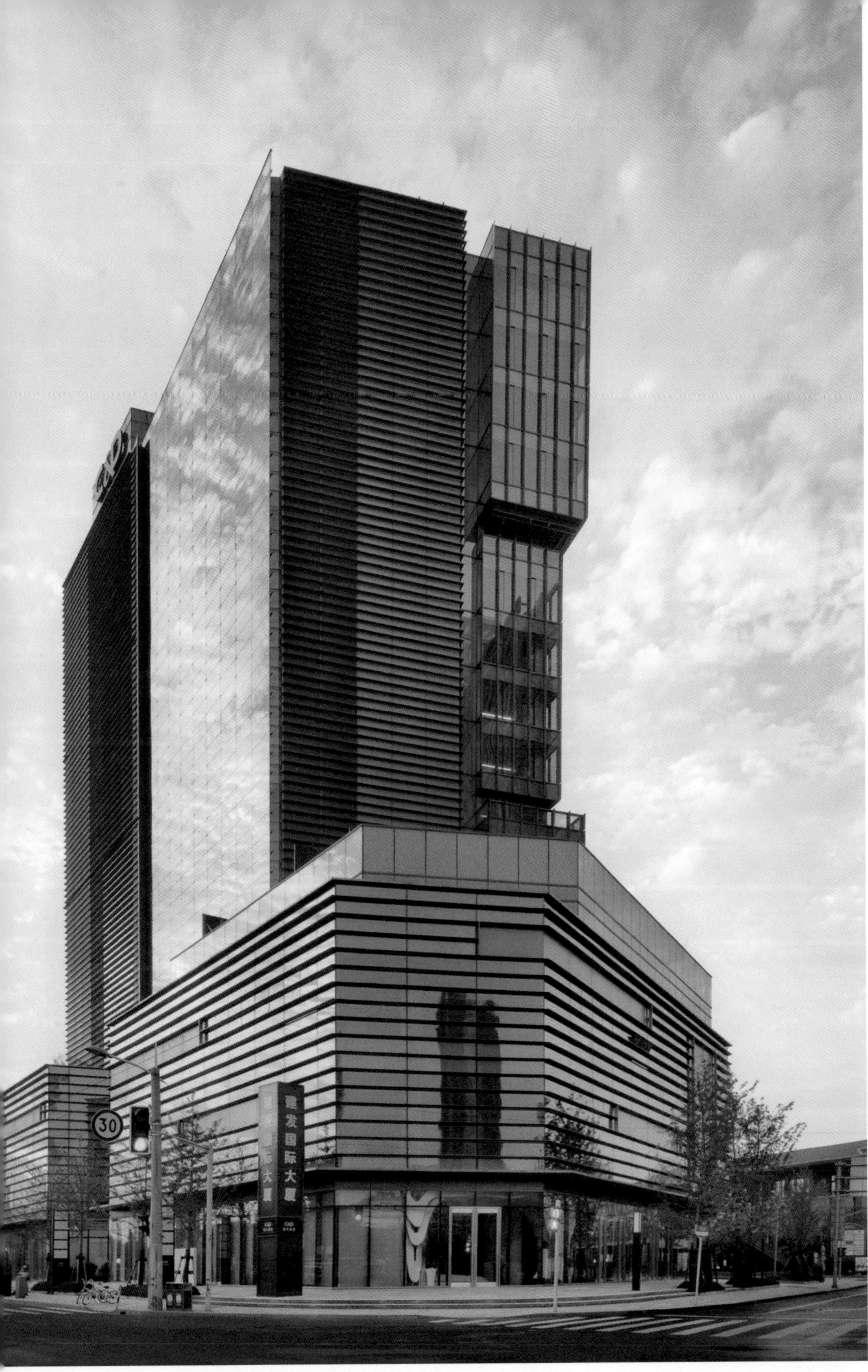

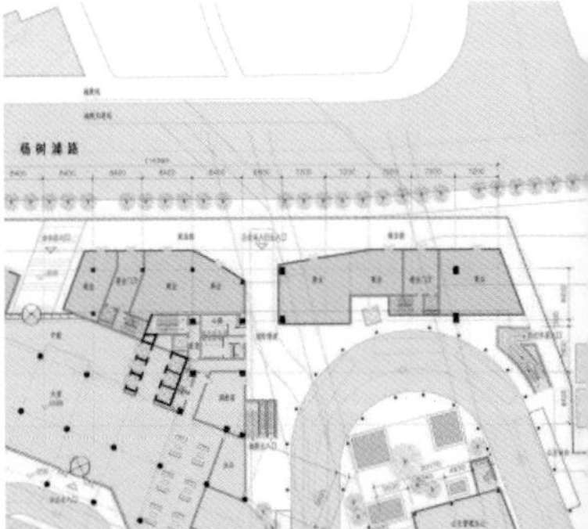

上海 · 建发国际大厦街景

因为建发国际大厦位于地铁杨树浦路站，3层裙房横跨地铁通道，给施工过程增加了难度。为保证施工的安全有序进行，以退让10m的方式，尽可能为施工拓出充足空间。

上海 · 建发国际大厦幕墙细节

上海 · 建发国际大厦幕墙细节

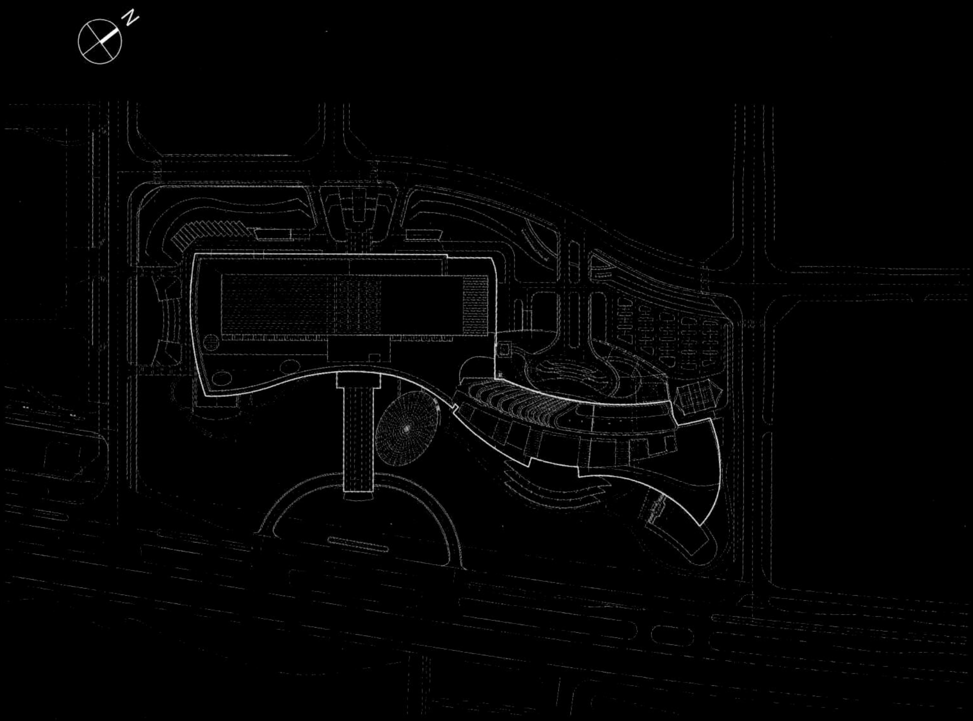
N

厦门·金砖五国会议主会场

2017年

金砖会议召开期间，各国领导人在『一流的场馆，一流的设备，一流的氛围』中顺利完成会晤，对场馆『大美中式』的风格也是赞不绝口！

占地面积：11.8万m^2
总建筑面积：14.6万m^2
涉及改造面积：3.3万m^2
容积率（改造后）：0.97
竣工时间：2017年

厦庇五洲客，门纳万顷滔。2017年9月3日至5日，举世瞩目的金砖国家领导人第九次会晤在厦门举行，这是2017年我国最重要的主场外交活动之一。建发承担了此次会晤的主会场——厦门国际会议中心，会展北片区景观、城市夜景照明提升改造工作。

厦门 · 金砖五国会议主会场迎宾入口

金砖速度 金砖品质

会议中心改造的最大难点在于工期紧且项目属于旧建筑改造。这个项目已建成10年，诸多因素导致改造工作量大、难度大、风险高。

经过综合维保难度、成本、设备稳定等因素的考量，建发团队决定对旧的设备，如扶梯、空调等进行整体拆卸调试，更换零件。由于国际高端会议的要求极度严苛，我们对电扶梯进行了多轮满载试验；对空调出风口进行了特殊定制处理，保证室内恒温，避免冷凝水滴落；对所有有可能用到油漆、胶水的地方，都严格保证材料的环保，每一个细节极尽完美，不能有一丝松懈。期间，沟通建筑方案9稿，精装家具方案24稿，对接单位84家，签字确定专业图纸10330张，10天确认建筑方案，2个月内完成图审、消防、报规、报建各项事项。改造期间，两次请到全国权威院士、专家针对场馆新旧结构举行专家论证会，确保场馆结构安全。同时，还邀请幕墙、音视频、设备、消防、环保等各专业第三方顾问对项目设计施工进行指导，保证各专业开会时的最佳状态。从接到任务到会晤正式举行，以上所有工作在不足一年时间内完成闭环。

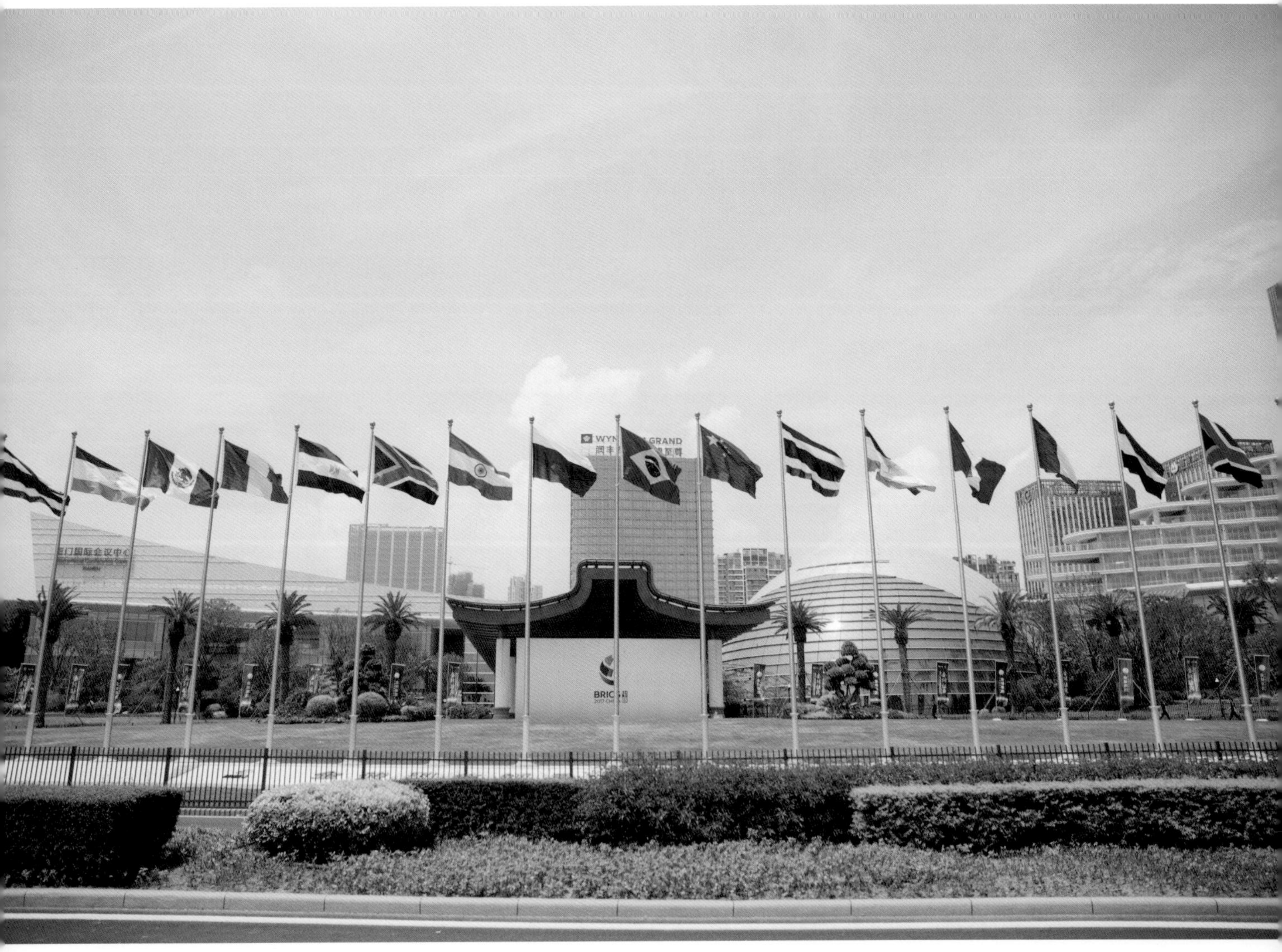

厦门 · 金砖五国会议主会场迎宾长廊

古厝山墙

厦门 · 金砖五国会议主会场迎宾长廊

为了更好地呈现建筑效果，项目团队从设计、选材到施工等环节，都是精益求精、精雕细琢。例如东迎宾长廊几字形铜梁元素取自闽南古厝山墙造型，结合铜雕花，体现了中式元素和闽南元素的完美结合。仅铜板的颜色、雕花就做了4次大样，再通过现场修色，配合灯光看样，最终达到设计效果。

新兴市场国家与发展中国家对话会
DIALOGUE OF EMERGING MARKET AND DEVELOPING COUNTRIES

金砖国家领导人厦门会晤
BRICS XIAMEN SUMMIT

厦门 · 金砖五国会晤现场

大美中式

厦门 · 金砖五国会晤现场

由于常规形式无法满足高端会议大空间、高效率的需求，项目改扩建部分均使用装配式钢结构，大大提高改建效率。

其中，2E会议室的结构改造中，外部机构刚开始出具的分析结果不支持原设计方案。但项目人员不气馁，对图纸进行了重新推演，最终发现了外部机构在数据转换过程中的纰漏，顺利实现了原设计方案落地。“相信权威，但不迷信权威”，展现了建发人对自身专业的自信。

金砖会议召开期间，各国领导人在“一流的场馆，一流的设备，一流的氛围”中顺利完成会晤，对场馆“大美中式”的风格也是赞不绝口，可见“只有民族的，才是世界的！”

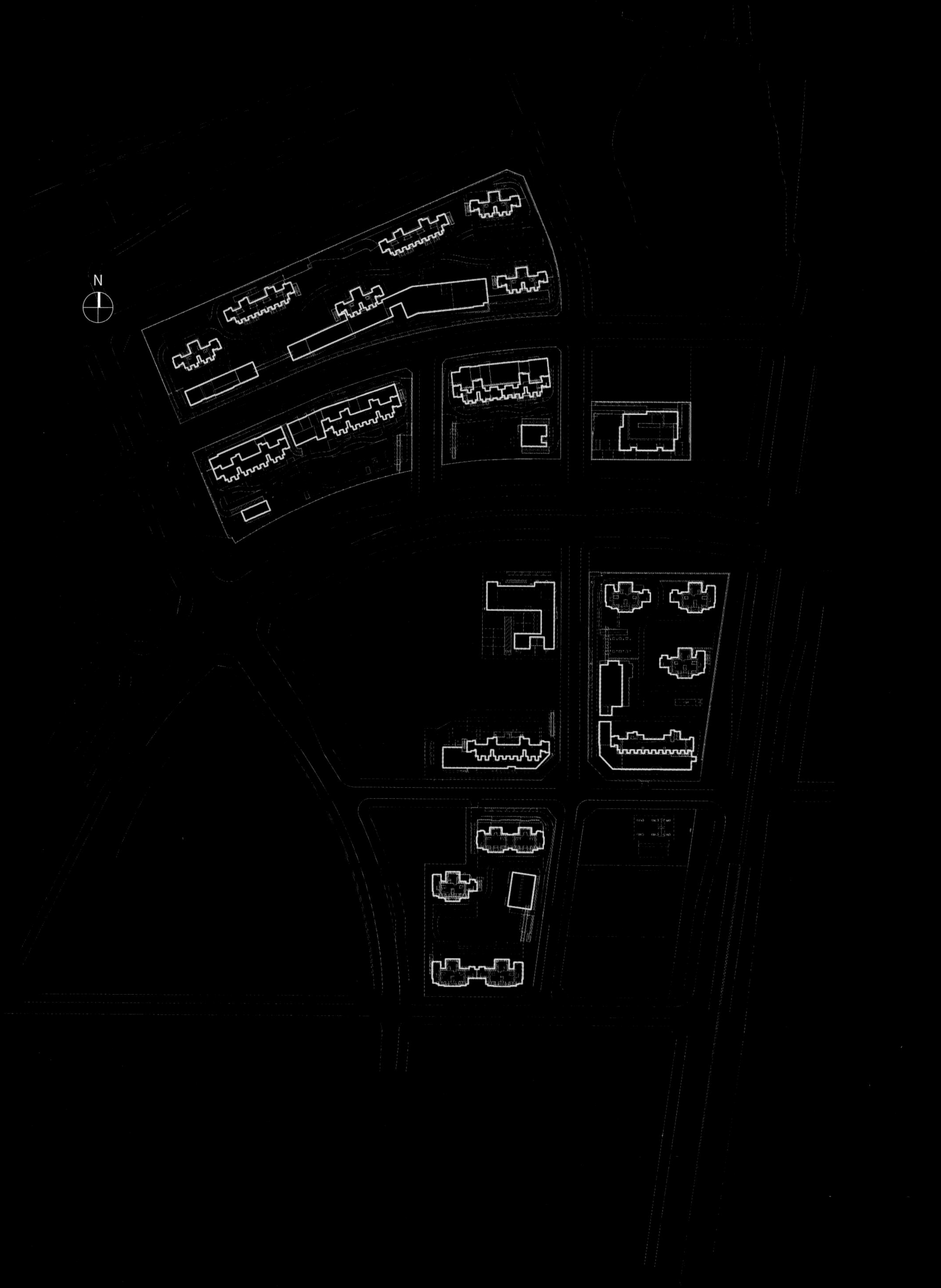
N

厦门·洋唐项目

2017年

福建省当年最大的保障性安居工程，
代建公司首次跨岛作战，
直接把厦门市的保障房品质带入『2.0时代』。

厦门 · 洋唐项目总体鸟瞰

总占地面积：约32万m^2
总建筑面积：约68万m^2
总投资额：约26亿
一期竣工时间：2017年

该项目作为当年福建省最大的保障房项目，总建筑面积近70万m^2，规划了公共租赁房、保障性住房、限价商品房、拆迁安置房，区内配套建设小学、幼儿园、社区服务中心及生鲜超市、公共食堂、商业等公建，是货真价实的“巨无霸”项目。

设计优化

最多也是最少的设计变更。

说它设计变更最多，是相较传统的保障性住房，从初定方案就开始考虑建造安装和实际使用会碰到的问题，优化每个节点，每一个步骤都做到性价比最高，把有限的财政资金花在更人性化的细节中。

说它设计变更最少，是在最短的时间内已经与诸多建设管理者完成会稿，在政府任务和压力下完成了各专业交叉协同共进的和谐平衡。

厦门 · 洋唐项目 A09 地块建造过程

屡获殊荣

洋唐保障性安居工程在外立面公建化、精装修、绿色建筑、全国示范性等多个子项目中，多次斩获国家级、省市级奖项。2012年该项目被省住建厅列为“和谐人居”示范试点小区，兆信公司荣获“全国保障性安居工程劳动竞赛先进单位”。2017年，洋唐子项目A09地块获评中国建设工程“鲁班奖”。

厦门 · 洋唐子项目 A09 地块验收场景

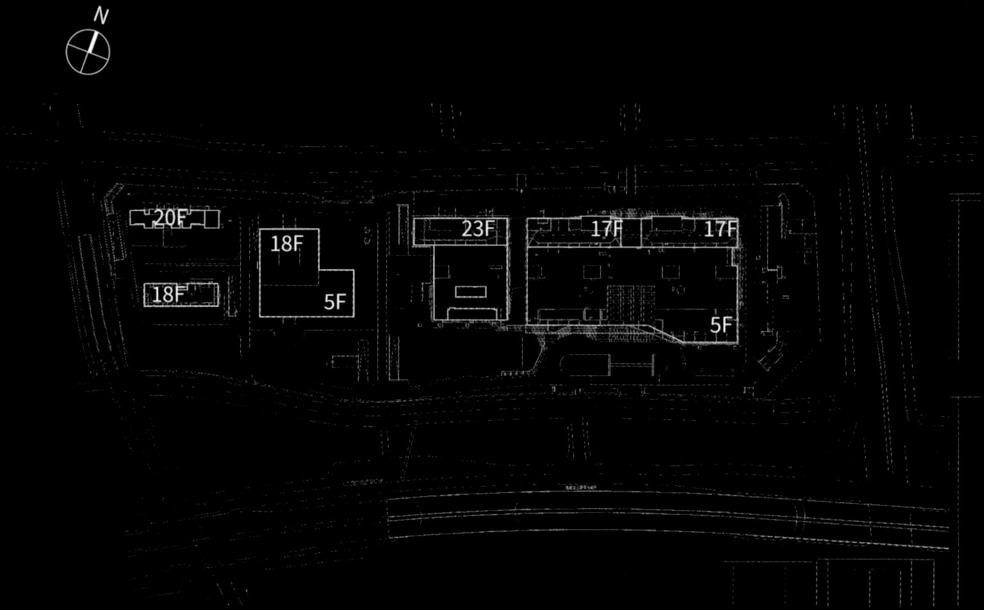
N
20F
18F
18F
5F
23F
17F
17F
5F

厦门·弘爱医院

2018年

医院秉持以『患者为中心』的设计理念，
借鉴台湾医疗照护模式，
按照国际『JCI』认证标准和二星级绿色建筑标准建设。

厦门弘爱医院
综合楼

占地面积：8.4万m^2
总建筑面积：33万m^2
容积率：2.77
床位：1380张
竣工时间：2018年

项目位于厦门岛内五缘湾片区，毗邻美丽的五缘湾湿地公园。总建筑面积约33万m^2，一期建筑面积约27万m^2，规划总床位1380张，总投资约20亿。项目将门诊、急诊、住院大楼集中式设置，减少就医流程，缩短就诊时间，提升医疗服务品质。

2014年12月18日正式动工建设，2018年6月12日消防验收通过，历时仅1273天。院内另设有弘爱康复医院、弘爱养护院，打造从急性医疗到慢性诊治和后期照护的全过程医疗服务，提升区域的综合医疗服务水平。

厦门 · 弘爱医院沿街风貌

厦门 · 弘爱医院门诊入口

厦门 · 弘爱医院阳光中庭

多功能中庭

多功能中庭门诊大厅

五层通高的门诊大厅，处处体现“环保、以人为本”的理念，采用“玻璃天篷+遮光帘”的做法为患者提供温暖舒适的“疗愈空间”。你很难遇到这么多功能的门诊大厅，可举办医疗健康讲座、医院职工培训会、名医义诊、公益摄影展等活动，让你忘记身处医院，体现建筑的主动关怀与多样性。

厦门弘爱医院被专业人士誉为国内医疗建筑史上又一座标志性工程，它颠覆性地改变了传统意义上医院与患者的主被动关系，赋予医院建筑新的灵魂。

设备先进

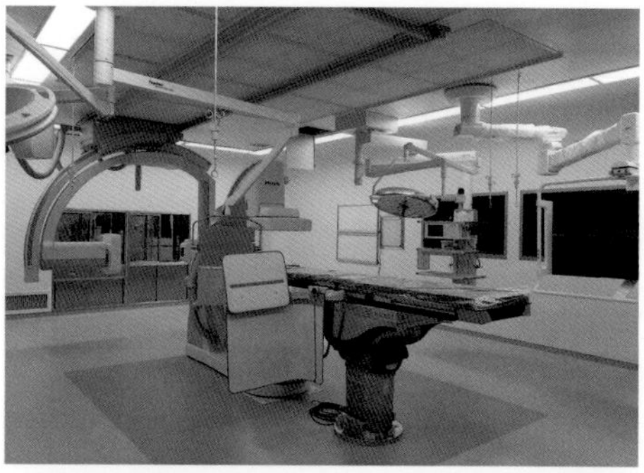

DSA

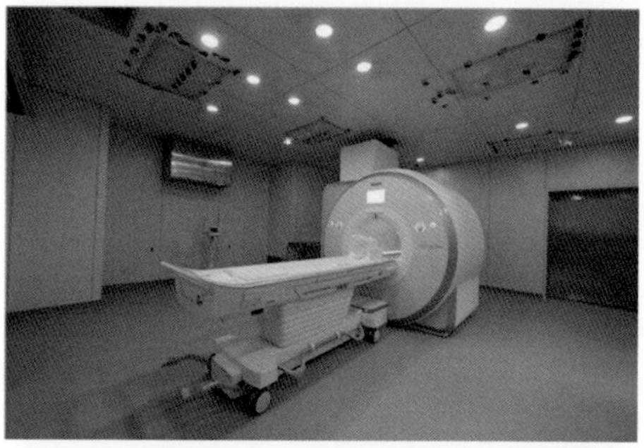

PET—CT

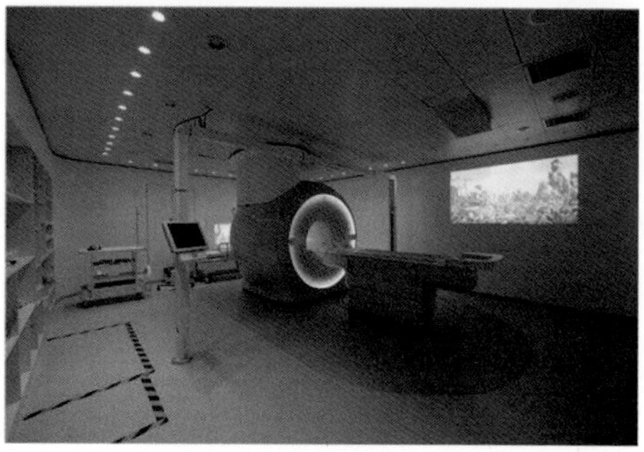

MRI

医院设有3.0T核磁共振、超高端CT、最新一代直线加速器、双板数字减影血管造影X线机、PET—CT等高精尖、国际一流的医疗设备，建设有福建省第一间核磁一体化手术室、第一间配置环境体验的核磁检查室及先进的复合手术室和机器人手术室，而实现这些的原因都是背后建发人的专业配合。

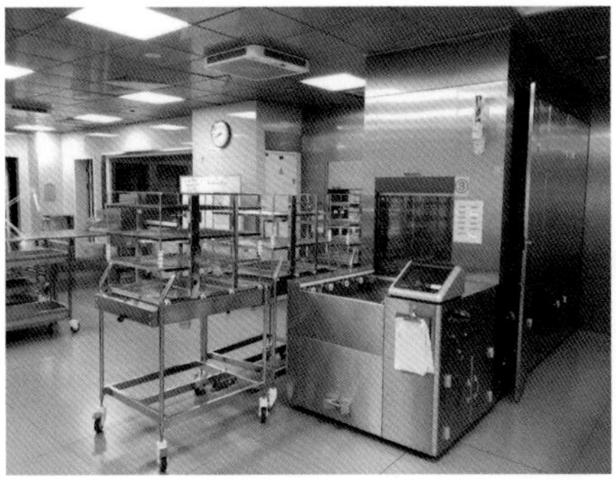

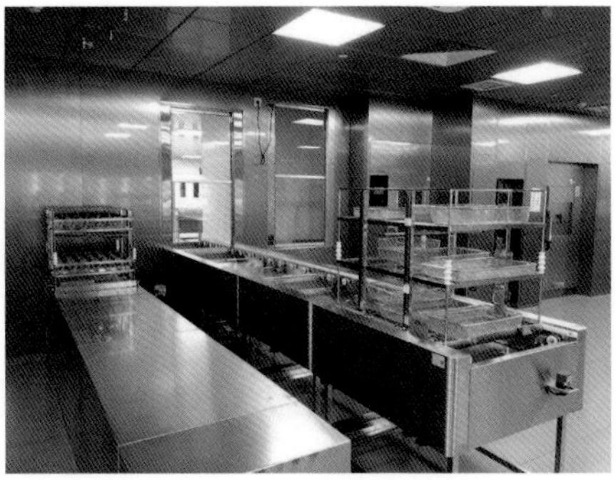

厦门 · 弘爱医院消毒供应中心

弘爱医院消毒供应中心作为全院无菌物品的供应部门，工作人员可在此回收、清洗、消毒、灭菌、供应部分诊疗器械如手术器械、口腔器械、眼科器械、临床诊疗器具等，涉及医疗器械的使用安全。该科室多达27种各类洗消设备，涉及运输动线设计、设备吊装、结构荷载预留、供电供水容量、RO水供应、蒸洗、有毒气体排放等问题，体现项目设计综合管理能力。

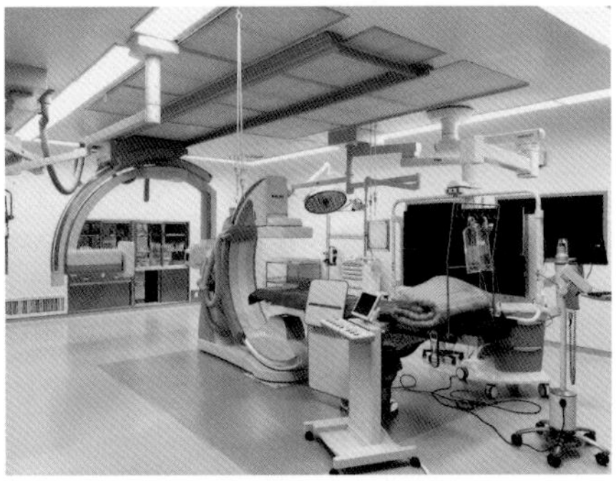

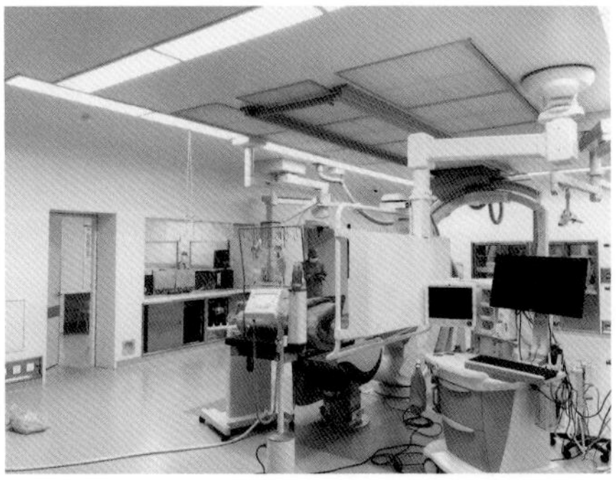

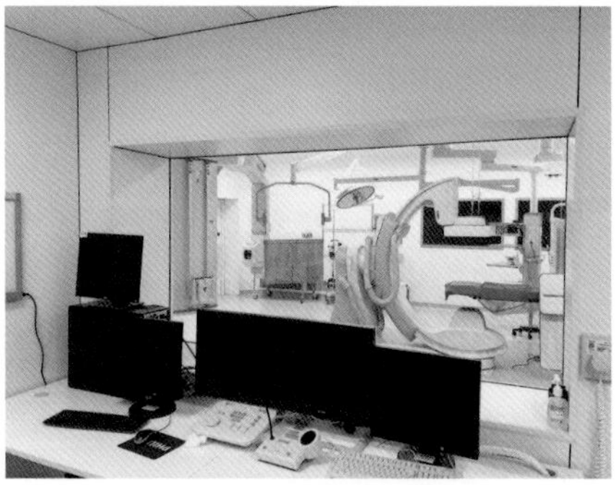

厦门 · 弘爱医院百级净化复合手术室

弘爱医院百级净化复合手术室作为全院投资额最高的单间手术室之一，双C臂复合手术室可以“一站式”完成脑血管疾病的诊断、治疗（开颅夹闭和血管内介入）、即刻复查，大幅度保证患者手术的安全性及疗效。手术室空气净化等级控制、大C臂运输及轨道吊装、手术器械安装定位与医疗行为关系、智能化系统、手术区空调能耗控制等都是手术室建设中重点管控内容，确保全院核心部门建设的经济型和运营的低成本。

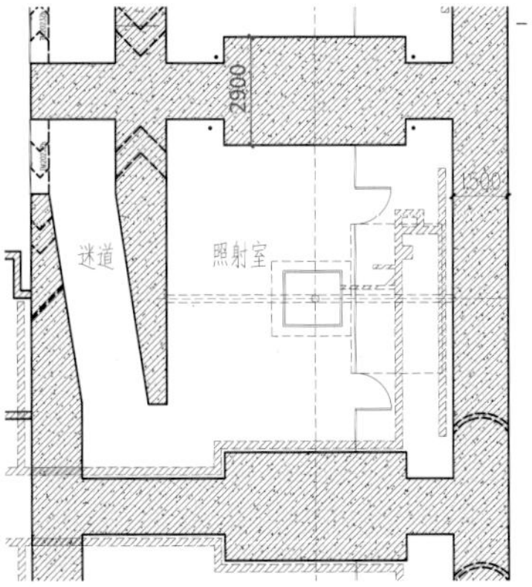

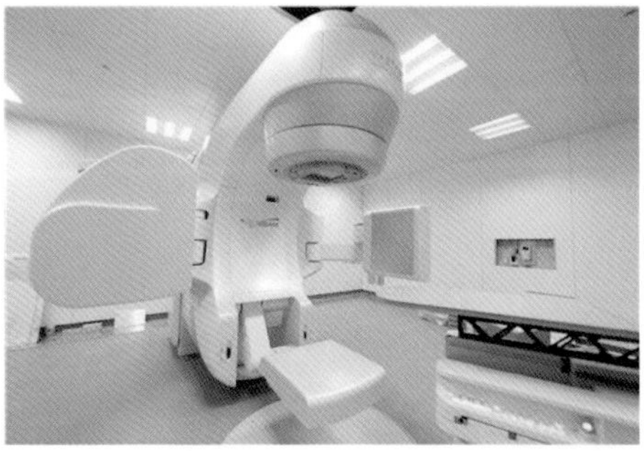

厦门 · 弘爱医院直线加速器

直线加速器设备价值4000多万，价格昂贵，对建筑安装环境要求极高。设备整体重达9吨，设备运输通道、吊装通道和装机调试阶段的物理环境控制均需专项设计。主射线防护屏蔽墙厚达2.9m，采用密度3.5g/cm^{3}的重晶石混凝土，设备管线均需45° 角留设，严禁射线透漏。大体积混凝土一次性浇筑成形工程、重晶石混凝土离析度控制、预留条件精细度控制、机房建设等均是管控重难点。

厦门 · 弘爱医院住院部走廊

成本优化

接待区

等待区

ICU

为应对新类型项目带来的挑战性，成本管控手段做出精细化管理。项目管理团队多次挑灯夜战，详细讨论招标计划、施工界面等大量衍生出来的精细化工作。通过细分工作内容、优化招标形式，引入多家有能力、有意向的合格供方进入招标比选，达到充分竞价的目的，有效控制了成本。最终，结算成本较业主单位提供的目标成本仍有较大节余，较同水平、同类型项目节省约1000元/m^2造价。

厦门 · 弘爱医院立面细节

C-MILL VR+虚拟现实行走训练智能跑台

弘爱康复中心内景

厦门弘爱康复医院是三级专科康复医院。康复医院将门诊、康复治疗中心、住院病区统一规划，面积约30000m^2，康复治疗中心面积4600m^2，规划床位300张。康复院将设置涵盖三级专科康复医院的学科，重点发展神经康复、骨科康复、肿瘤康复与心脏康复等亚专科，同时还将引进高水平的前沿服务项目。医院将配备国内一流的信息化管理系统、上下肢机器人、步态分析系统、肌骨超声诊断系统、虚拟现实康复系统、高压氧中心、水疗康复中心等高精尖的康复设备，并配备了当下最先进的国内首台C-MILL VR+虚拟现实行走训练智能跑台。

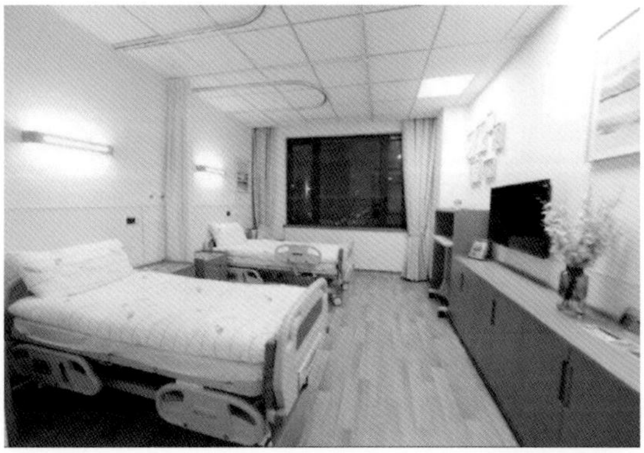

养护院双人间

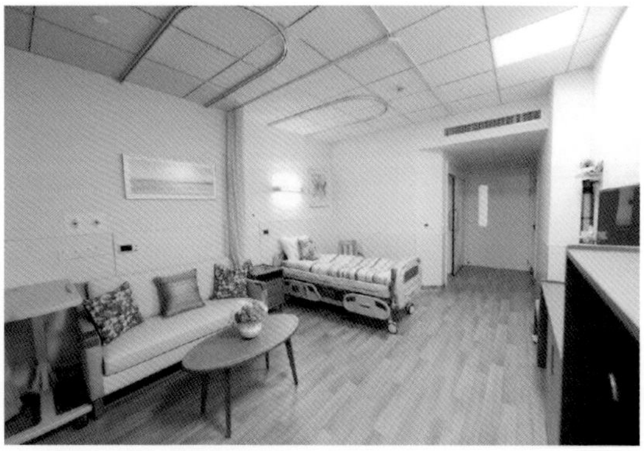

养护院单人间

弘爱养护院依托弘爱医院与医疗资源深度结合，是集医、护、康、养四位一体的老年养护院，首期规划床位100张，照护专区面积达6000m^2。养护院主要服务对象为失能老人、失智老人，提供标准化及个性化照护方案。养护院内采用有居家感的设计，并配备完备的空间配套如多功能活动室、半开放式厨房、洗浴室、空中花园等。养护院有专业的医疗支持、定制康复训练，并引入台湾人文照护理念。

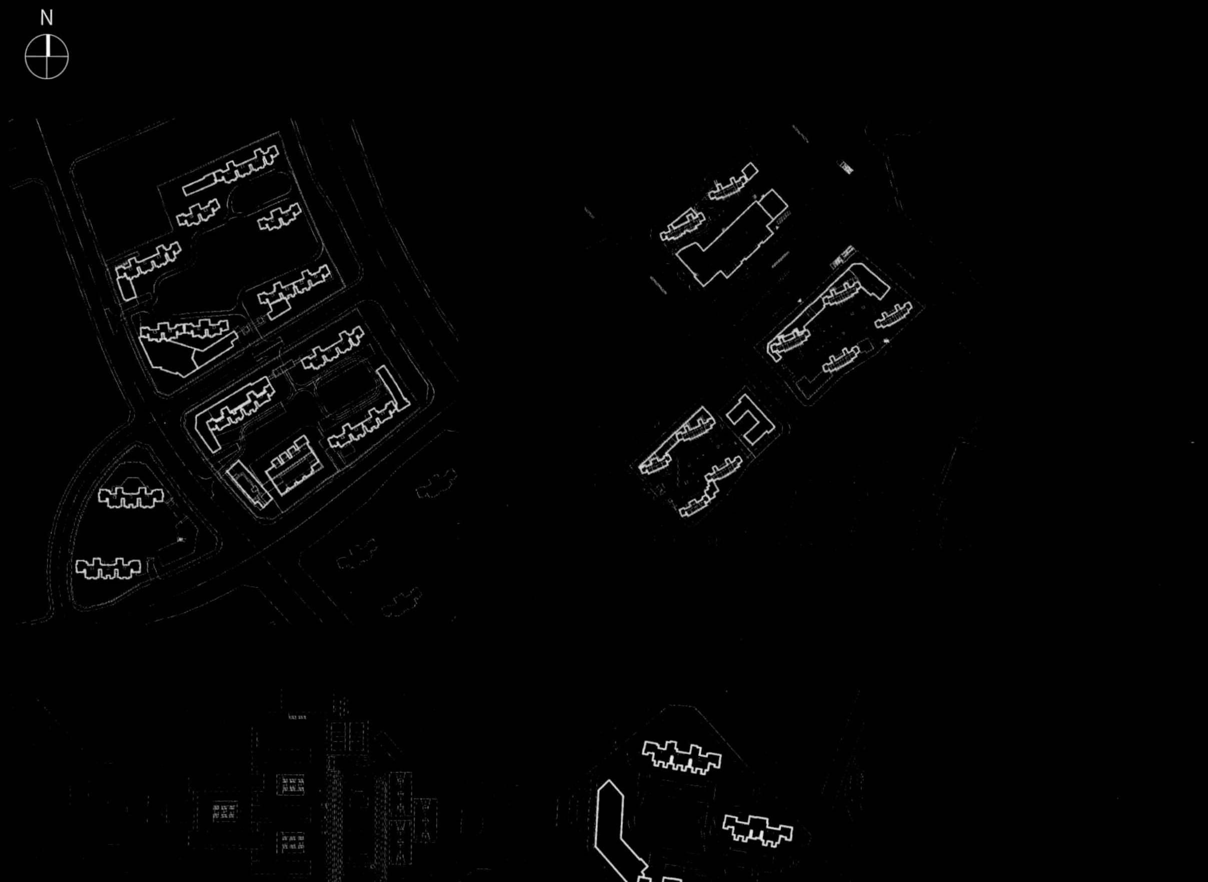
N

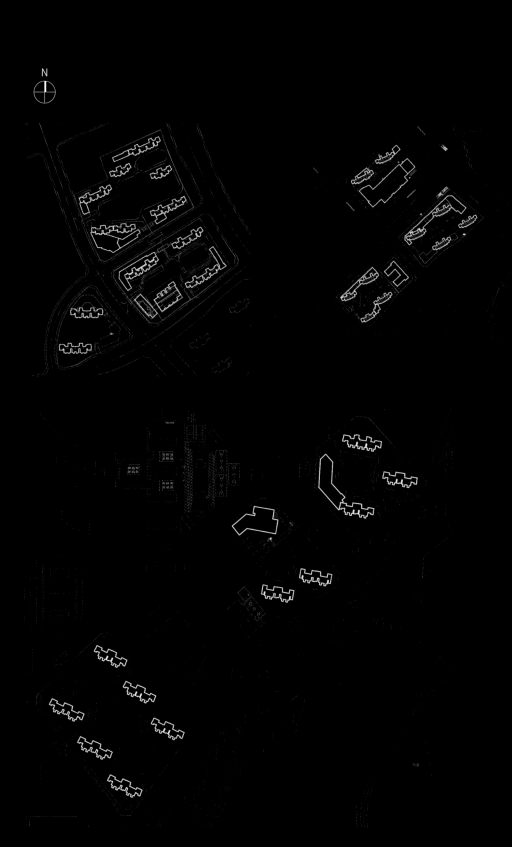

厦门·新店项目

2018年

项目结合先前考察经验，大胆推行『代建总承包』的构想，分秒必争，在仅仅两个多月的时间里，实现了从纸上规划到落地开工建设，创造了最短的『新店速度』。

厦门 · 新店林前综合体鸟瞰

总用地面积：约25.5万m^2
总建筑面积：约127万m^2
总投资额：约59亿
开工时间：2018年

该项目是厦门市委市政府加快建设保障性住房，进一步改善民生、促进社会和谐的重点工程，也是厦门市首个开工的保障房地铁社区，是政府和企业对保障房建设新模式的积极探索与实践。

提效保质

建发团队无论面对什么困难，都有着一份责任心，去做好每一个工程。项目初步完工后，得到附近居民的一致好评，认为建发的保障房，有着不输于商品房的品质。

厦门 · 新店保障房透视效果

厦门 · 新店保障房透视效果

风格推敲

"高标准，高品质"是业主对保障性住房的要求，外立面设计结合我司成熟的新中式住宅风格，引入闽南元素，增加传统闽南民居的红砖材料、燕尾脊造型，在入口门厅营造"出砖入石"的闽南风韵，打造新闽南建筑风格。

厦门 · 新店林前综合体效果

多年后，若这些建筑有幸被称为作品，
源自建设之初我们怀有一颗敬畏的心、一颗爱人的心，
以及一颗沉甸甸的负责任的心。

2014

南宁裕丰大厦

漳州美一城

厦门众创空

JFC品尚中心

2015

南平建阳悦城中心

1988

厦门海光大厦

厦门海滨大厦

2012

长沙汇金国际

2008

石狮狮城国际广场

2013

厦门

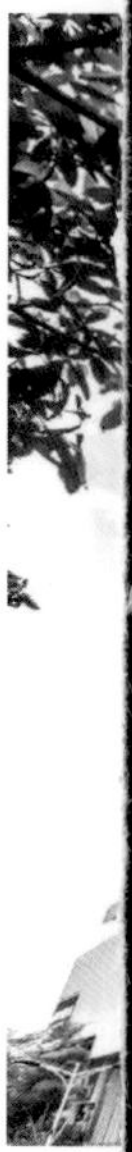

厦门凯悦酒店

2017

上海君逸大厦

成都鹭洲里

HO

南宁裕丰万国广场

南宁裕丰国际厨柜中心

2016

厦门湾悦城

厦门悦享中心

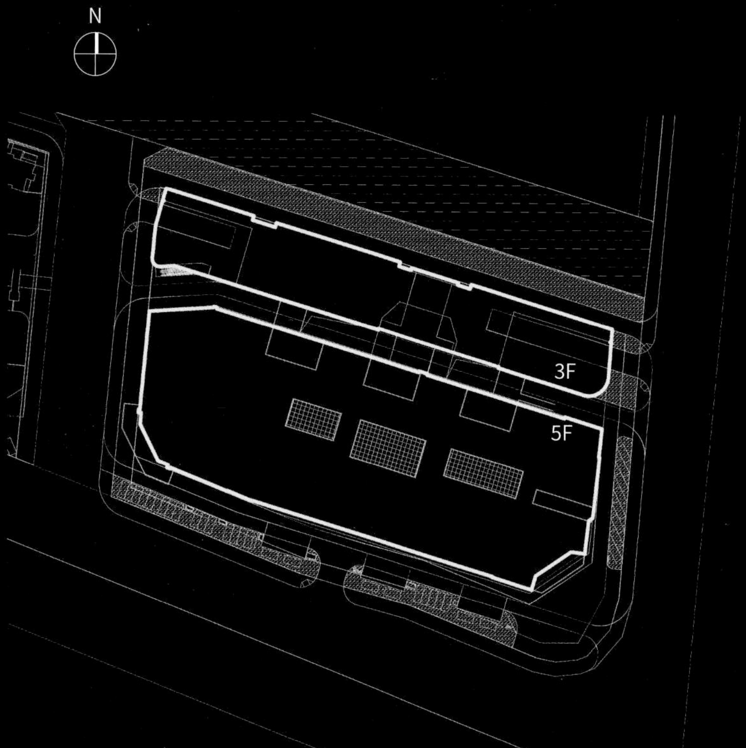
N
3F
5F

漳州·美一城广场

2014年

没有商业设计经验，没有招商资源，这些都不怕，
建发人有着从无到有的研究精神。

漳州·美一城广场鸟瞰

占地面积：2.0万m^2
总建筑面积：6.2万m^2
容积率：2.3
停车位：350
竣工时间：2014年

美一城广场位于漳州龙海成熟区域，辐射周边优质客群。项目作为建发房产布局三、四线城市的商业开篇之作，是集购物、餐饮、文化、娱乐、休闲、游乐等功能于一体，六大业态立体渗透互融的家庭型购物中心。

美一城广场作为集团第一个独立投资开发运营的购物中心，地处县级城市的购物中心，在周边商业已有很丰富的客群，而自身却没有任何商业品牌的前提下，顺利完成项目，且成本可控，火爆市场。

漳州·美一城广场街景效果

首献商业

美一城广场是真正意义上的第一个由建发房产自行设计招商经营的商业综合体。当时团队没有任何经验，没有资源，没有品牌，且项目地处县城，成本极其有限，但这些都不是建发房产团队的借口。

团队迅速开始考察各大商业项目，寻找品牌资源，与同行交流，通过各个渠道寻找信息，事业部、招商部、设计部多个部门工作并行，以非常规的工作方式和速度，保质保量保时地完成了任务。

项目外观虽内敛，但却是当地最火爆的商业综合体，成为首个开业第一年现金流为正，开业第二年即实现净利润的商业项目。

漳州 · 美一城广场商场内景

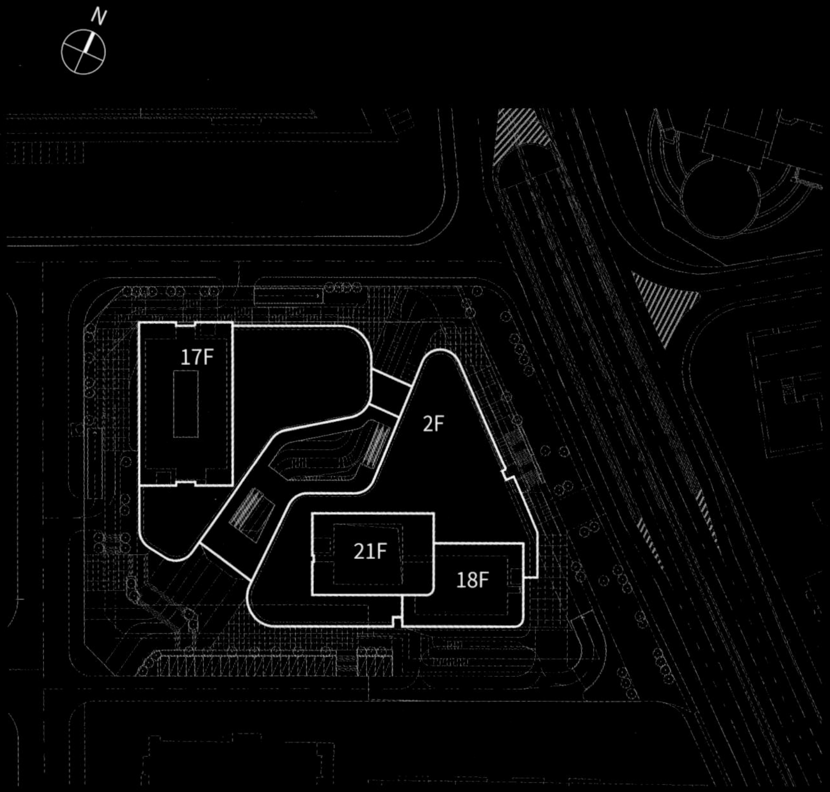
N
17F
2F
21F
18F

厦门·悦享中心

2015年

场地南低北高，存在3m的高差。项目巧妙利用现状高差，设计了『双首层，无高差』的概念，从两个方向进入商业，都自然感觉是进入了首层，自然而然地实现了商业首层价值最大化的目标。

厦门 · 悦享中心鸟瞰

占地面积：1.5万m^2
总建筑面积：9万m^2
容积率：4.1
停车位：600
竣工时间：2015年

悦享中心位于厦门滨北核心商务区，地处仙岳路与莲岳路交汇处。项目总体量达9万m^2，是集国际精品写字楼、国际风尚MALL及相应配套于一体的城市综合体。涵盖2万m^2国际风尚MALL，荟萃品质超市、高端餐饮、文化艺术、美容养生、健身瑜伽、休闲茶室等多元养生业态。拥有3万m^2南北通透型写字楼、2万m^2精致服务型写字楼，10m超高大堂，4.2m层高、VAV空调、集中式智能管理系统等高档配套。

厦门·悦享中心入口

空间整合

在整合中渐变分离

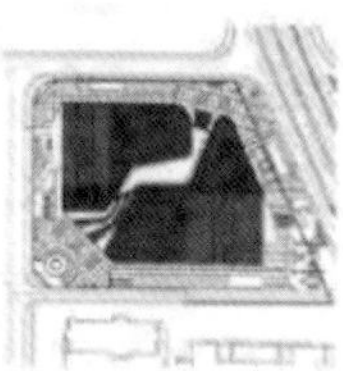

场地设计中积极空间的形成

共享中庭

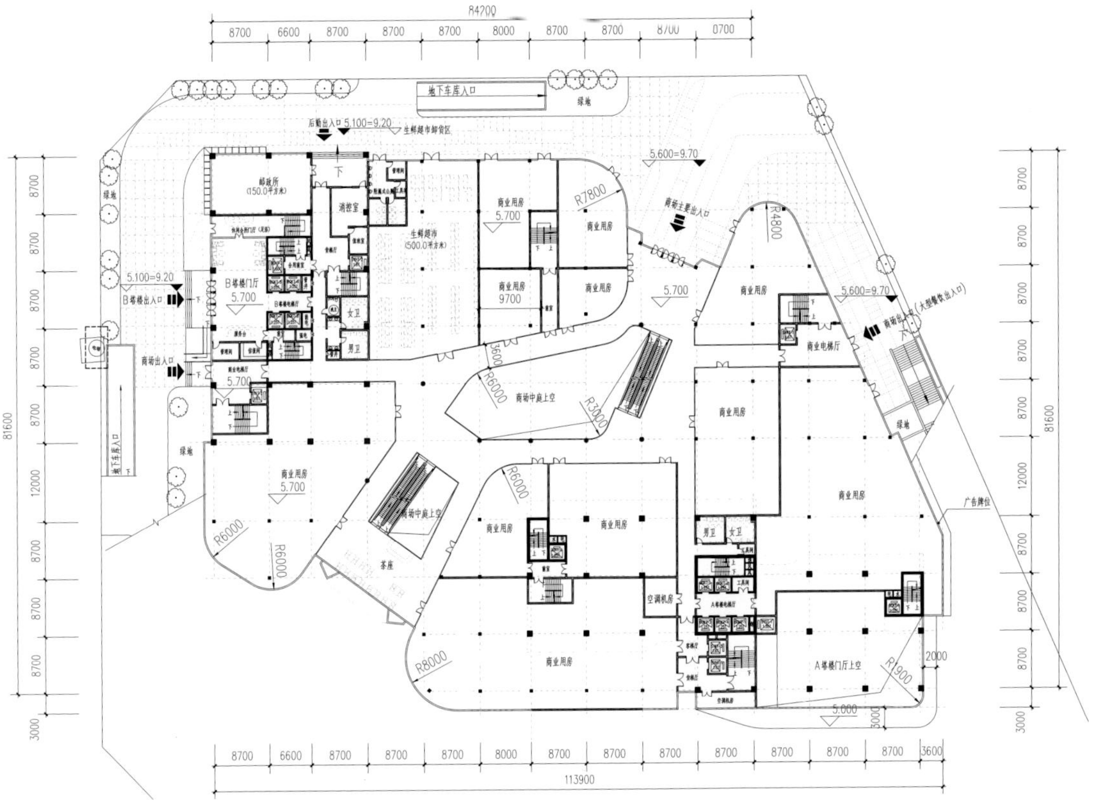

厦门 · 悦享中心首层平面图

商业通过开敞式共享中庭，把商业裙房一分为二，而商业的两侧开口主要开向周边五一文化广场商圈和大量住宅小区的主要人流方向，形成积极商业空间。商业中庭内部设置四部扶梯，满足大量商业人流交通需求。

厦门 · 悦享中心街景

高差处理

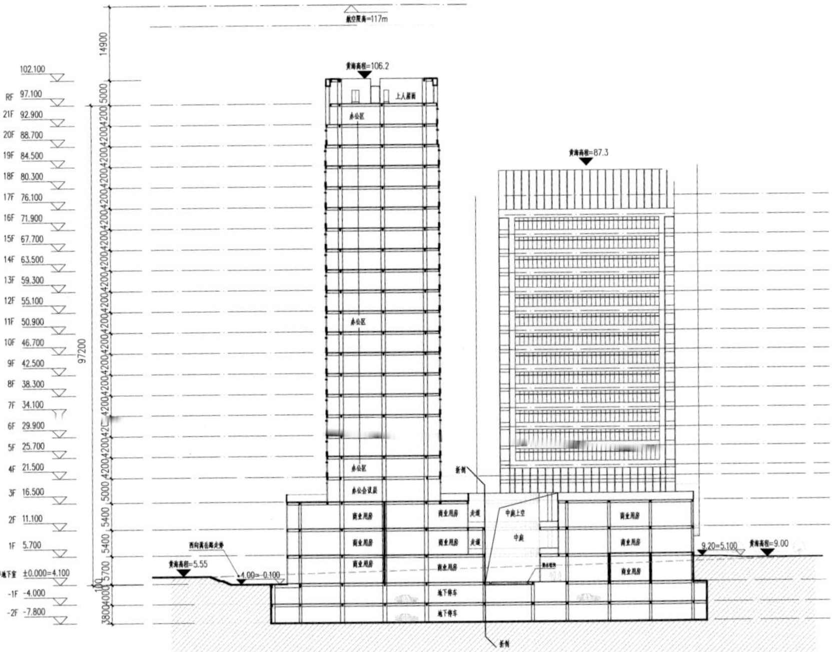

厦门 · 悦享中心剖面图

场地南低北高，存在3m的高差。项目巧妙利用现状高差，设计了“双首层，无高差”的概念，从两个方向进入商业，都自然感觉是进入了首层，自然而然地实现了商业首层价值最大化的目标。

厦门 · 悦享中心商场中庭

厦门 · 悦享中心商场中庭

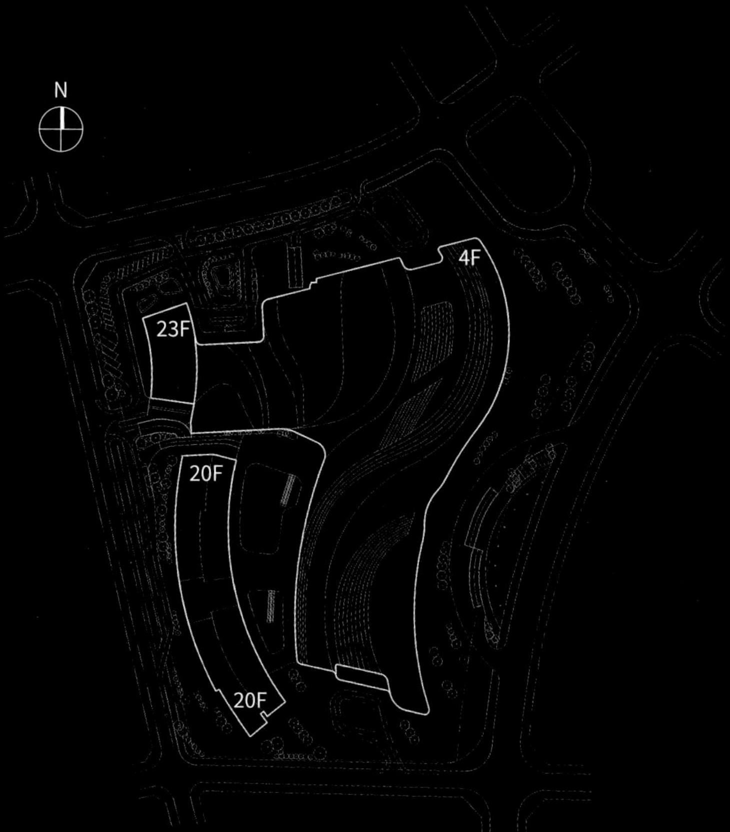
N
23F
4F
20F
20F

厦门·湾悦城

2016年

都市风与海洋风外立面相结合的商场，
在商场竞争激烈的厦门岛内保有一席之地。

厦门 · 湾悦城鸟瞰

总建筑面积：10万m^2
酒店面积：5.1万m^2
停车位：1800个
竣工时间：2016年

建发·湾悦城位于厦门市新客厅——五缘湾高端核心商圈，是建发房产2016年商业扛鼎力作，汇聚生活、美食、亲子、名品五大主力业态，集合服饰、珠宝、箱包、家具、餐饮、儿童等近150个国内外知名品牌，凭借独到的高品质、新生活方式主张，勾勒出一个全新的多彩生活空间。

都市风

湾悦城项目在设计之初，压力较大。因项目位于厦门东部商圈，周边竞争异常激烈，设计、招商都面临着巨大的考验。

项目临近内海，设计团队精心设计了海洋加都市风格气质的外立面，颇具特色。利用下沉广场、地形高差等空间手法，顾客可以直接从室外进入多层商业，多层都有首层的感觉，不仅增加了商业价值，也方便了大众。

厦门·湾悦城海洋加都市风格外立面

厦门 · 湾悦城入口

厦门 · 湾悦城商场中庭

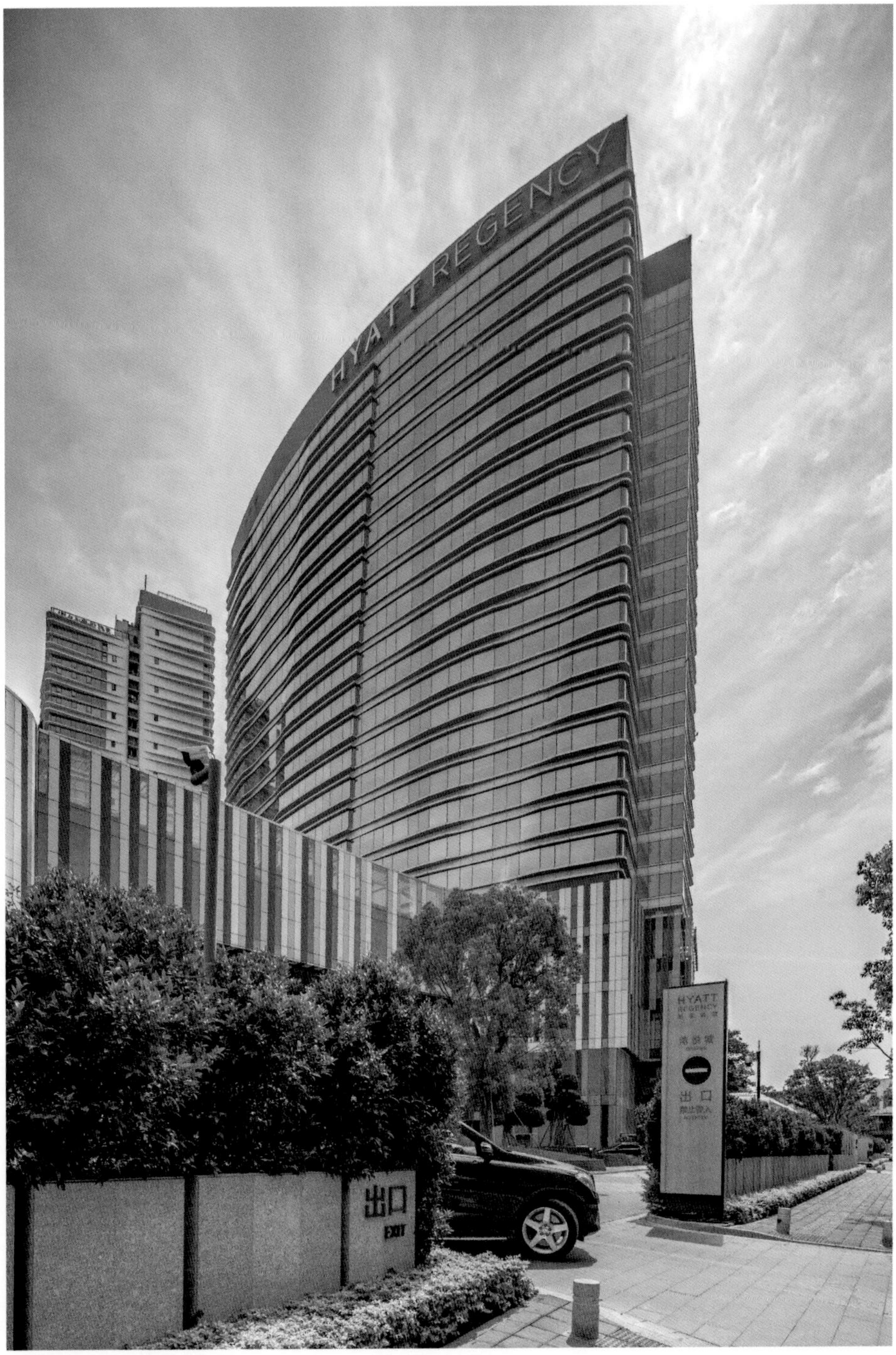

厦门 · 湾悦城出口

节流

湾悦城的玻璃幕墙原本全为中空Low-E玻璃，造价高。

设计人员不因方案确定了就放弃努力，经过项目反复排查，发现其中有一部分玻璃背后是实墙，纯粹是装饰。设计人员现场发现后，经过多次打样，成功把部分成本较高的Low-E玻璃换成了成本相对低，但颜色相近的单层镀膜玻璃，保留了原来设计效果的同时又降低了造价。“节流”绝不是盲目减少成本，更不能是以降低产品品质为代价的。

厦门·凯悦酒店

厦门·凯悦酒店入口

文化积淀

室内设计灵感源于城市浓厚的传统文化积淀。中式窗棂、古典的红墙砖瓦于细微之处，使独特的当地传统文化跃然而出，让宾客在灵魂深处产生共鸣。

厦门 · 凯悦酒店中餐厅包厢

厦门 · 凯悦酒店大堂

厦门 · 凯悦酒店客房

宾至如归

厦门五缘湾凯悦酒店拥有301间客房，包括23间套房，面积从45m²到208m²不等。客房设计以暖色调为基调，取材自然的装饰材料，风格既彰显了现代化科技元素，又融合了闽南文化特色。房间内采用全景窗设计，视野开阔，可俯瞰五缘湾全貌以及繁华的都市胜景。客人还可以享受到一系列现代设施的便利，包括48英寸液晶电视、蓝牙音响设备、卫星电视频道、高速宽带及无线互联网接入，以及配备浴缸和淋浴花洒的独立浴室。

同时，宾客亦可于此尽享高效便捷的现代化设备、舒适宜人的居住空间、触动味蕾的美食体验、灵活多样的活动场地及凯悦品牌酒店精心呈奉的个性化体验。

厦门 · 凯悦酒店游泳池

厦门 · 凯悦酒店健身房

厦门 · 凯悦酒店餐厅

厦门 · 凯悦酒店大宴会厅

厦门 · 凯悦酒店沙龙厅

服务标准

厦门 · 凯悦酒店大宴会厅

2018年，一段《杯子的秘密》视频走红，撕开了酒店业的内幕。视频曝光了大量五星级酒店无法管理好漱口杯及咖啡杯的卫生问题，却有一个酒店承受住了考验——厦门五缘湾凯悦酒店。以小见大，从这么小的一件事可以看出，凯悦酒店以一贯的建发品质和服务态度，在行业里保持了高标准服务水平。

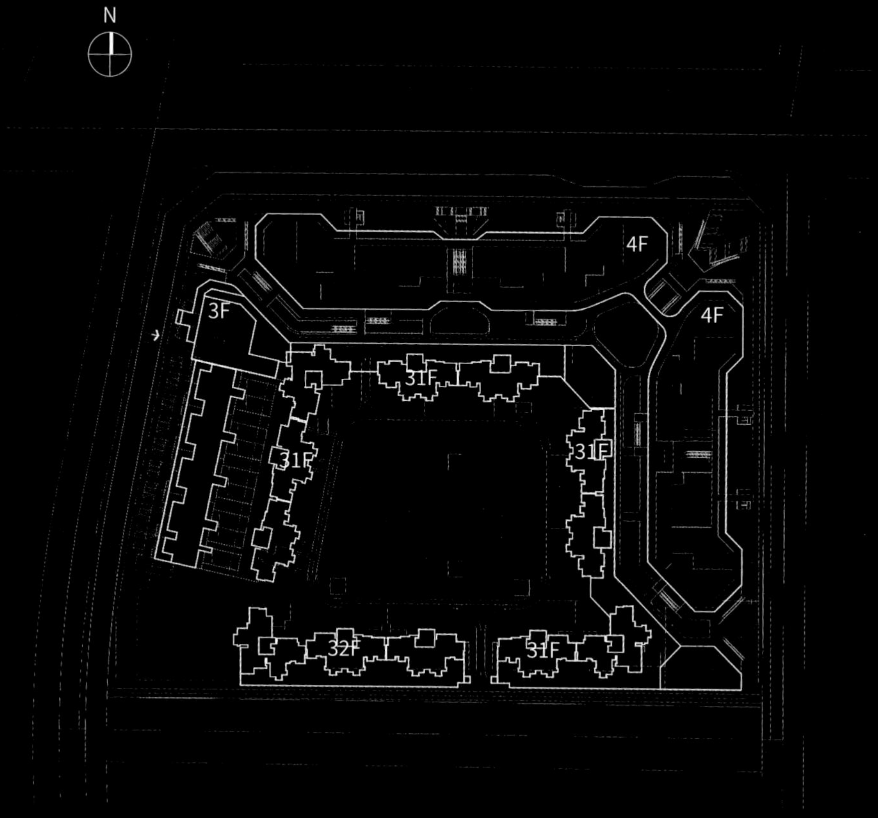
N
3F
4F
4F
31F
31F
31F
32F
31F

成都·鹭洲里

2017年

通过将生态、绿色情景融入商业建筑中，打造成都首例生态园林式商业街区。

成都 · 鹭洲里入口

占地面积：9.1万m^2
商业面积：6.2万m^2
总容积率：3.0
商业停车位：784
竣工时间：2017年

建发·鹭洲里位于城南大源板块，是建发房产在成都的首个商业项目。项目拥有丰富而颇有意趣的生态体系，将生态、休闲、购物、情景体验融为一体，从餐饮、零售到休闲娱乐、生活配套，领衔城南，满足消费者对时尚生活的追求。

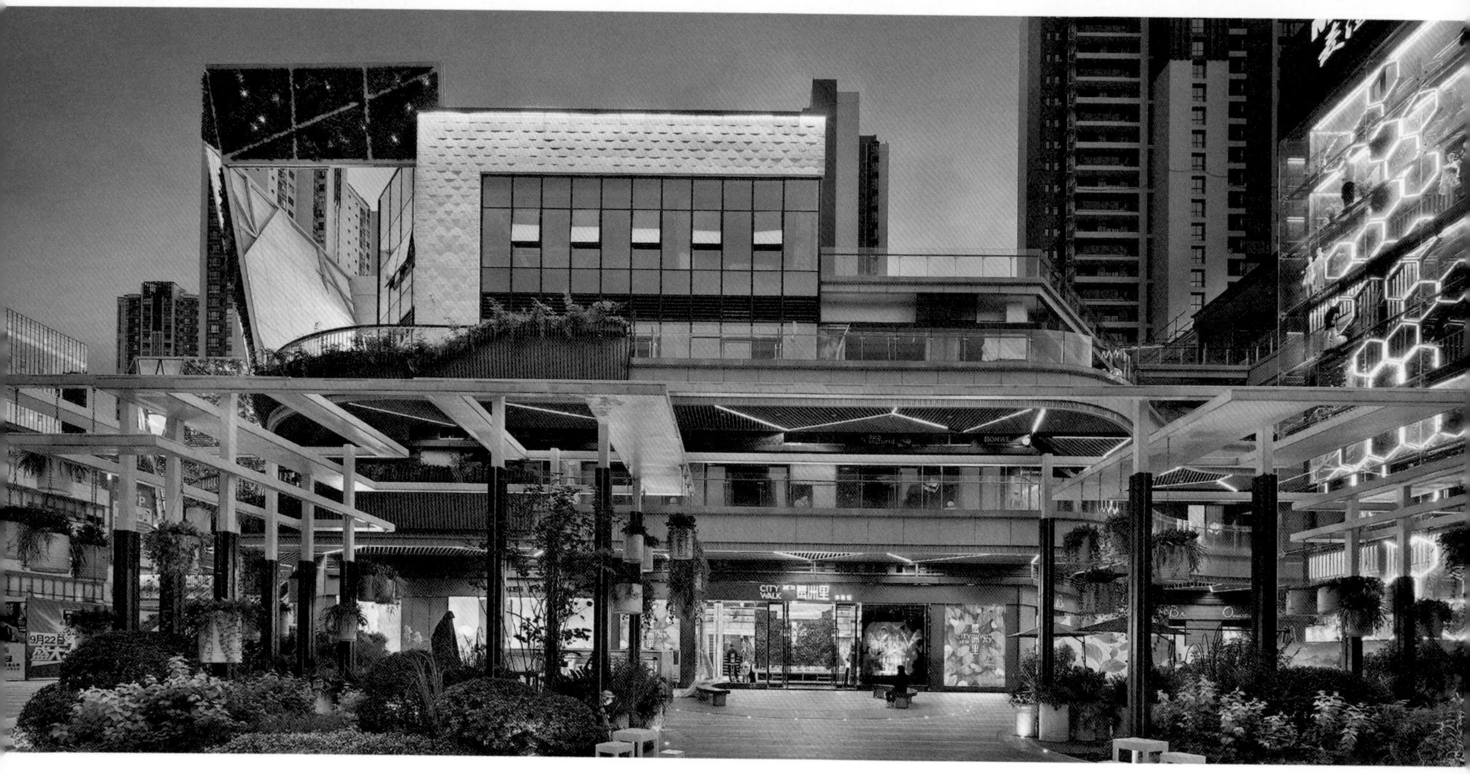

成都 · 鹭洲里商业内街夜景

成都 · 鹭洲里商业内街夜景

成都·鹭洲里入口夜景

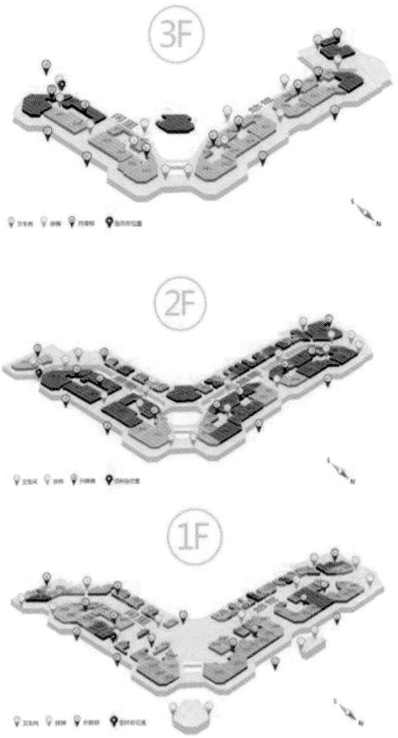

首例园林式商业

设计团队通过将生态、绿色情景融入商业建筑的手法，打造成都首例生态园林式商业街区，利用一些绿植墙面艺术浮雕、仿生植物、建筑挑檐结合花箱、情景雕塑等元素形成整套景观体系，通过室外公共连廊去连接不同商铺，给顾客不一样的购物体验。

以人为尺度

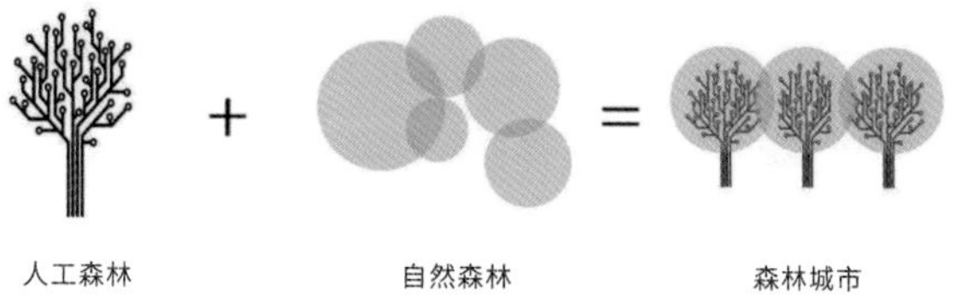

项目设计历经2年时间，多稿方案反复推敲，尝试过西南最大的求婚广场、美食广场、汽车配件等不同主题的设计，得到的成果不太理想。项目组赴上海、北京进行大量商业考察，最终确定了以生态园林为主题的花园式开放商业街区，烘托不同的商业氛围。

数据显示，80%以上的成都消费者都认为，更具体验性和标志性的空间环境是吸引其到访的最大因素；成都人的特点是爱"耍"，乐于享受闲适文艺的慢生活。他们的休闲娱乐方式，一直是和街区、庭院这样的户外空间结合在一起的。将商业综合体做成开放的体验式街区，源于建发对成都生活方式和消费习惯的理解和洞察，体现了"以人为尺度"的理念。

成都 · 鹭洲里花箱挑檐

成都 · 鹭洲里商场细节

橱窗观光梯

普通的观光梯仅为一个玻璃盒子，经过项目组讨论，认为这个方式不够生动，决定在普通观光梯的外皮再包一层玻璃，放入仿生植物，在两层玻璃中间自然形成类似橱窗的效果。为了吸引人去走竖向楼梯，栏杆楼梯扶手也改为花箱的形式，强化整体园林氛围。

趣味卫生间

成都·鹭洲里各种主题的卫生间

卫生间为分组团式的公共卫生间，设计团队特意根据各个组团的商业定位设计了不同的卫生间装饰，有偏森林风的，有偏女性的粉色田园风，有偏男性的工业风，也有偏儿童的HELLOKITTY风格的装饰，趣味性强。

全国性荣誉

2018客户满意度全国第3名
2018房屋质量满意度全国第1名
2018投诉处理满意度全国第1名
2018物业服务满意度全国第4名
中国房地产企业最佳雇主品牌30强
2019中国房地产开发企业50强第39位（连续八年入围）
2019中国房地产开发企业综合发展10强第5位
国家一级房地产开发资质
中华慈善总会授予“中华慈善突出贡献单位奖”称号
金融资信AAA级企业
建设行业企业信用AAA级单位
全国“守合同，重信用”企业
全国房地产诚信企业

荣誉

地方性荣誉

福建省著名商标
福建省建设厅首批房地产品牌企业
海西（中国）房地产领军企业
福建省房地产企业百强首位
特区30年·城市贡献标杆地产企业
厦门最具慈善捐献突出贡献单位
厦门地产标杆企业
厦门市十大最具影响力地产品牌
厦门地产最荣耀品牌房企
上海地产企业大奖
长沙市房地产行业最佳企业公民
长沙地产企业十强
成都地产年度企业金奖
成都市最值得信赖房地产企业
成都购房者最值得期待品牌开发企业
成都新十大房产品牌企业
成都慈善企业

设计类奖项

厦门建发国际大厦获2013年亚洲及澳洲地区最佳高层建筑提名奖
苏州建发·中泱天成售楼处获2015年艾特奖最佳陈设艺术设计奖
苏州建发·中泱天成售楼处获2015年APIDA亚太地区室内设计大奖
苏州建发·独墅湾展示区获2015年金盘奖“年度最佳预售楼盘奖”
厦门建发·央玺展示区获2015年金盘奖别墅类年度网络人气奖(华南赛区)
厦门建发·央玺展示区获2015–2016年地产设计大奖优秀奖 项目综合奖金奖
上海建发·玖龙湾样板房获2016年艾特奖最佳样板房设计奖
上海建发国际大厦展示区获2017年德国红点奖
长泰建发·山外山等三项目获2017–2018年地产设计大奖优秀奖
长泰建发·山外山售楼处获2018年意大利A’ DESIGN AWARD银奖
福州建发·央玺获2018年金盘奖空间类“华南、华中地区年度最佳售楼空间奖”
长沙建发·央著获2018年金盘奖“年度最佳预售楼盘奖”
厦门建发·央玺获2018年金盘奖“年度最佳住宅奖”
厦门建发·央著鲤乐荟获2019年全球卓越设计奖（GEA）（教育类）大奖
上海·央玺获2019年美尚奖人文气质豪宅银奖
福州建发·央著、福州建发·央玺、厦门建发·央玺、厦门建发·央著、漳州建发·碧湖双玺、三明建发·玺院、建瓯建发·玺院、长沙建发·央著、无锡建发·玖里湾、厦门弘爱医院项目获2018–2019年地产设计大奖优秀奖
厦门建发·央玺大盘区获2018–2019年地产设计大奖 设计专项奖银奖
厦门建发·央著获WLA世界景观协会2019年居住类一等奖
福州建发·央玺获2019年意大利A’ DESIGN AWARD铂金奖

截至二〇一九年四月

工程类奖项

洋唐A09地块获2012年度福建“省级示范工地”
翔城国际获2013年度福建“省级示范工地”
翔城国际B04地块获2013年全国保障性住房设计专项奖三等奖
厦门国际金融中心获2014年度福建省“闽江杯”优质工程奖
洋唐A09、B05地块A09#–A13#及地下室获2015年度福建省“闽江杯”优质工程奖
洋唐居住区A09B05地块、A11地块获2015年福建省施工现场优良项目
洋唐居住区保障性安居工程A09、B05地块获2016–2017年度中国建设工程“鲁班奖”国家优质工程
海沧新阳居住区保障性安居工程一期获2017年度全国建设工程项目安全生产标准化建设工地（AAA）
海沧新阳居住区保障性安居工程二期获2018年度福建省建设行业“思总建设杯”架子工岗位技能竞赛获奖
洋唐居住区保障性安居工程A09、B05地块获2017–2018年度“安装之星”中国安装优质工程
洋唐居住区保障性安居工程二期A11地块获2018–2019年度第一批国家优质工程奖
厦门弘爱医院获2018年首届优路杯全国BIM技术大赛—铜奖
厦门弘爱医院获2018年匠心奖中国医疗建筑设计优秀项目
厦门弘爱医院获2019年首届中国十佳医院室内设计方案评审第六名

建发智造

以匠心营造每一个产品

成都第五大道
成都中央湾区
福州领墅
泉州珑玥湾
云霄半山御园二期
南平建瓯悦城一区

长沙中央公园

2017

2018

2019

深圳南庄项目

泉州珑璟湾三期

建瓯悦城二三期

2016

成都鹭洲国际　三明永郡
成都翡翠鹭洲　上海玖珑湾
厦门翰宫　厦门中央天成
三明燕郡　厦门中央天悦
龙岩央郡

2015

福州国宾府
上海公园首府
上海珑庭
上海新江湾华苑
成都中央鹭洲
龙岩上郡
泉州珑璟湾

广州央玺　珠海玺园
漳州央著　福州榕墅湾
珠海玺院　厦门玺樾
张家港泱誉　武夷山外山
南京国宾府　建阳玺院
杭州三墩北项目　莆田央著
杭州庆隆项目　莆田央誉
武汉玺院　仙游PS-2012-20块
武汉江夏P66项目

福州央玺　建阳央著
建瓯玺院　建阳悦府
厦门央著　三明央著
三明玺院　漳州玺院
南宁玺院　龙岩首院
福州央著　龙岩玺院
苏州璞悦　连江玺院
长沙央玺　无锡玖里湾
深圳玺园　连江山海大观
太仓泱著　漳州碧湖双玺
太仓泱誉　张家港御珑湾
南京央誉　福州永泰山外山

2019

2018

美仑花园安置房　薛岭安置房
金林湾花园B区安置房　枋湖安置房
后埔社区发展中心项目　厦门湖里区社会福利服务中心
钟宅新家园改造　洋唐保障性安居工程三期
后吴公寓　中国人民银行厦门中心支行
新建发行库房和人防工程
翔安新店保障房地铁社区　后埔社区发展中心项目（二期）
翔安新店林前综合体　祥平保障房地铁社区三期项目
海沧新阳保障性住房　新浦嘉园安置房项目
黄厝会议中心安置房　澳头特色小镇代建项目
欧厝新村建设工程　厦门弘爱妇产医院

海沧新阳地铁社区一期
厦门弘爱医院
厦门金枋至尊安置房
中国人民银行厦门市
中心支行营业办公用房

2018

2019

2017

上海建发国际大厦　厦门钟宅拆迁办公楼
成都鹭洲里　湖里区文化艺术中心及
上海君逸大厦　后埔社区发展中心项目（三期）
厦门金砖五国会议主会场　后埔社区发展中心项目（一期）-北楼
洋唐居住区保障性安居工程　厦门畲族社区安置房A区
厦门金枋世家

9
亚哥
汇景
国际
2010
厦门中央美地
漳州半山墅
2011
2012
长沙汇金国际
厦门半山御景
成都浅水湾一期
成都金沙里
成都天府鹭洲
上海新江湾景苑
福州领地
福州皇庭美域
上海江湾萃
福州皇庭丹郡
2013
2014
上海璟墅
厦门央墅
厦门央座
厦门翔城国际
漳州建发美一城
建阳悦城
厦门中央湾区

2016
州独墅湾
2017
上海央玺
长泰山外山
长沙央著
苏州泱誉
合肥雍龙府
泉州中泱天成
连江领郡
长沙中央悦府

2015
厦门悦享中心
南平建阳悦城中心
厦门档案大楼
后埔社区发展中心项目(一期)
厦门明溢花园
2016
厦门湾悦城
厦门凯悦酒店
厦门自贸区中心渔港

2003
厦门新家园
2004
福州风景蓝水岸
厦门绿家园
厦门山水芳邻
2005
2007
长沙湘江北尚
厦门时尚国际
厦门上东美地
2008
厦门爱琴海
厦门书香佳缘

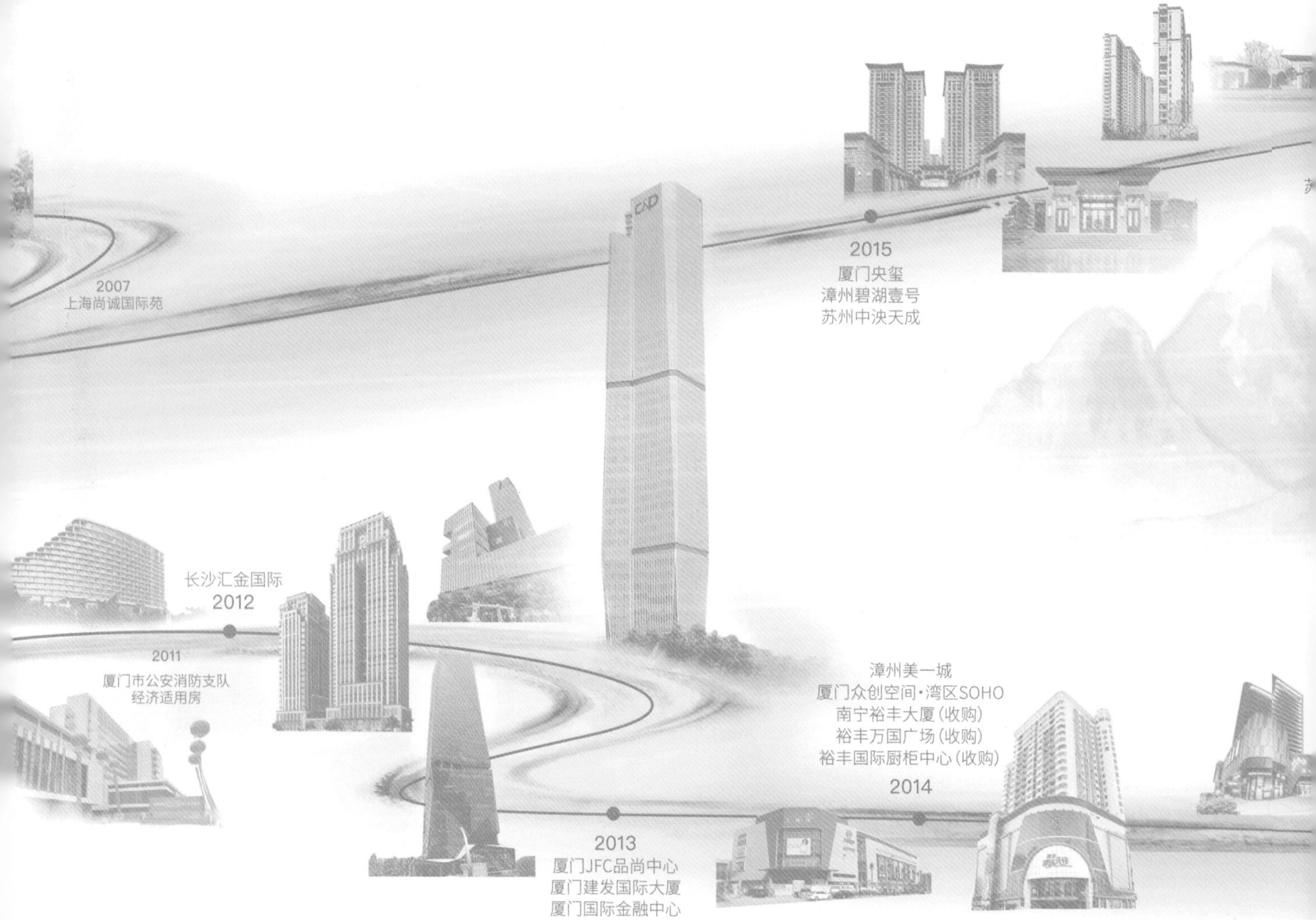
2007
上海尚诚国际苑
2015
厦门央玺
漳州碧湖壹号
苏州中决天成
2011
厦门市公安消防支队
经济适用房
长沙汇金国际
2012
2013
厦门JFC品尚中心
厦门建发国际大厦
厦门国际金融中心
厦门翔城国际
漳州美一城
厦门众创空间·湾区SOHO
南宁裕丰大厦(收购)
裕丰万国广场(收购)
裕丰国际厨柜中心(收购)
2014

建发房产产品史

现代欧式产品
新中式产品
代建公建产品
1984
厦门华侨新村
1994
厦门白鹭苑
1999
厦门建发花园
2000
厦门鹭腾花园
厦门汇禾新城
2001
厦门海韵园
1988
厦门海滨大厦
厦门海光大厦
石狮狮城国际广场
厦门国际会议中心
厦门国际会议中心音乐厅
2008
2010
彭州市人民医院
厦门国际会议中心酒店

匠造

建发房产作品集

建发房产 编著

现代·欧式

中国建筑工业出版社

目录

漳州半山墅

厦门中

厦门书香佳缘

成都浅水湾一期

福州领

福州领域

长沙西山汇景

厦门中央美地

厦门半山御景

2007

厦门时尚国际
长沙湘江北
厦门上东美地尚

2008

厦门爱琴海
厦门书香佳缘

2009

漳州圣地亚哥
长沙西山汇景
厦门金山国际
福州领域

2010

厦门中央美地

2011

漳州半山墅

2012

长沙汇金国际
厦门半山御景
成都浅水湾一期
成都金沙里
成都天府鹭洲
上海新江湾景苑

厦门白鹭苑

福州风景蓝水岸

长沙湘江北尚

厦门山水芳邻

厦门新家园

厦门上东美地

厦门绿家园

厦门鹭腾花园

厦门爱琴海

0 1984 1988 1994 1996 1998 1999 **2000** 2001 2002 2003 **2004** 2005 2006

1984 厦门华侨新村

1994 厦门白鹭苑

1999 厦门建发花园

2000 厦门鹭腾花园
厦门汇禾新城

2003 厦门新家园

2004 厦门山水芳邻
福州风景蓝水岸
厦门绿家园

厦门翰宫

长沙中央公园

泉州珑玥湾

厦门中央天成

2016

成都鹭洲国际
成都翡翠鹭洲
厦门翰宫
三明燕郡
三明永郡
上海玖珑湾
厦门中央天成
厦门中央天悦
龙岩央郡

2017

长沙中央公园

2018

成都第五大道
成都中央湾区
福州领墅
泉州珑玥湾
云霄半山御园二期
南平建瓯悦城一区

……

深圳南庄项目
泉州珑璟湾三期
建瓯悦城二三期

厦门央墅

上海公园首府

厦门央座

上海玖珑湾

福州国宾府

上海璟墅

2013

福州皇庭美域
上海江湾萃
福州领地
福州皇庭丹郡

2014

厦门央座
厦门翔城国际
上海璟墅
厦门央墅
漳州建发美一城
建阳悦城
厦门中央湾区

2015

福州国宾府
上海公园首府
上海珑庭
上海新江湾华苑
成都中央鹭洲
龙岩上郡
泉州珑璟湾

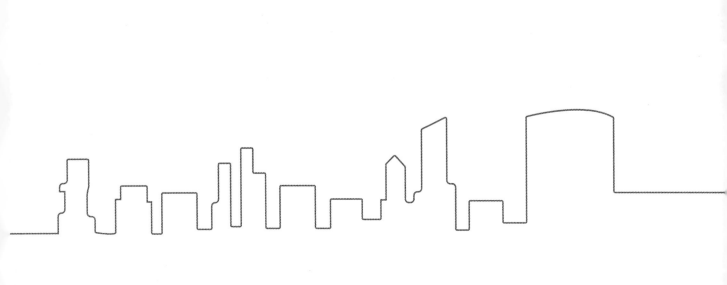

从30m^2的经济公寓，到550m^2平层大宅；

从75m^2的迷你别墅到1200m^2的顶奢豪墅；

从800元/m^2标准的精装到8000/m^2元标准的豪装；

从一二线到三四线城市，从城市中心到远郊；

从沿海到内陆，从平原到山地；

从传统到现代手法，从欧式到中式风格；

无论什么样的住宅开发项目，我们都积累了足够的经验。

厦门·鹭腾花园

2000年

小区正中的三棵古树，
指引人们回家的方向。
尊重与传承，是建发的精神图腾，
留存最珍贵的历史记忆，
也留存建发人骨子里的人文情怀。

总建筑面积：3.52万m^2
竣工时间：2000年

位于厦门禾祥东路，名人静巷、闹中取静，总建筑面积约3.52万m^2，附近拥有市少儿图书馆等配套，是建发早期现代风格厦门岛心高档住区，也是经典作品。

厦门 · 鹭腾花园中庭

三棵树的故事

在鹭腾花园，
有三棵古树，
它们一直在这儿，
承载着周边居民的成长记忆。
开发并不是全拆全建，
我们保留了这三棵古树，
也保留住了这份记忆。

厦门·鹭腾花园中庭古树

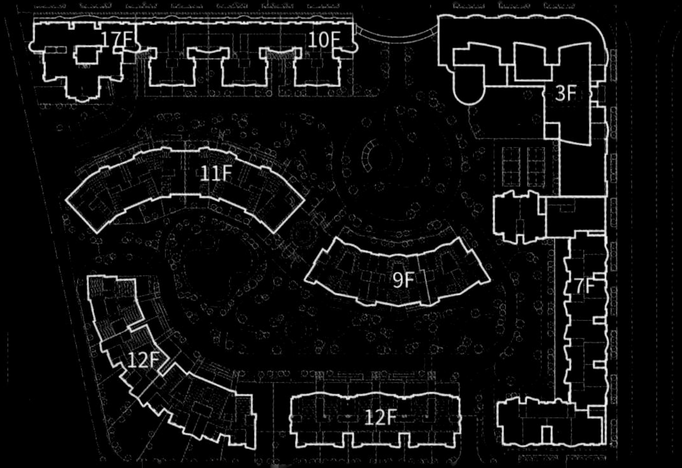
17F
10F
3F
11F
9F
7F
12F
12F

厦门·绿家园

2004年

以『绿』为主题的现代风格园林，厦门主城区配套成熟、最宜居项目，全国物业管理示范小区。

占地面积：3.3万m^2
总建筑面积：9万m^2
容积率：2.5
竣工时间：2004年

地处厦门市湖滨南路富山商圈，是建发房产最早开发的一座现代园林住宅小区，凭借现代自然的生态园林及优秀的物业管理，荣获“全国物业管理示范住宅小区”荣誉称号。

厦门 · 绿家园主入口

厦门 · 绿家园中庭俯视

绿家园

大进深、大楼间距、低密度的设计手法，
带来了建发房产景观品质的飞跃，
在用地南北纵深165m的条件下，仅设置三排建筑，
利用建筑中间巨大的楼距形成两个面积都在8000m^{2}左右的中庭花园。

项目整体规划设计以“绿”为主题，营建绿色生活空间，绿化覆盖面积超过总用地的50%，营造“绿色家园，家在园中”的意境。

幸福的烦恼

装修对非专业的业主来说，
一向是又兴奋，又担忧，
打造自己避风港的兴奋感，
同时带来的还有对装修这一陌生领域的担忧。

这是一个真实的故事：
绿家园交房后，
有位业主找了各室内设计单位对户型重新进行改造，
几稿方案下来发现无论怎么改，
都没有原来的布局好，
无法满足业主的改造欲，
业主感觉没有“成就感”，
最终打消了改造的念头，
这成了建发房产以专业产品为业主带来高满意度的典型案例。

厦门 · 绿家园小区游泳池

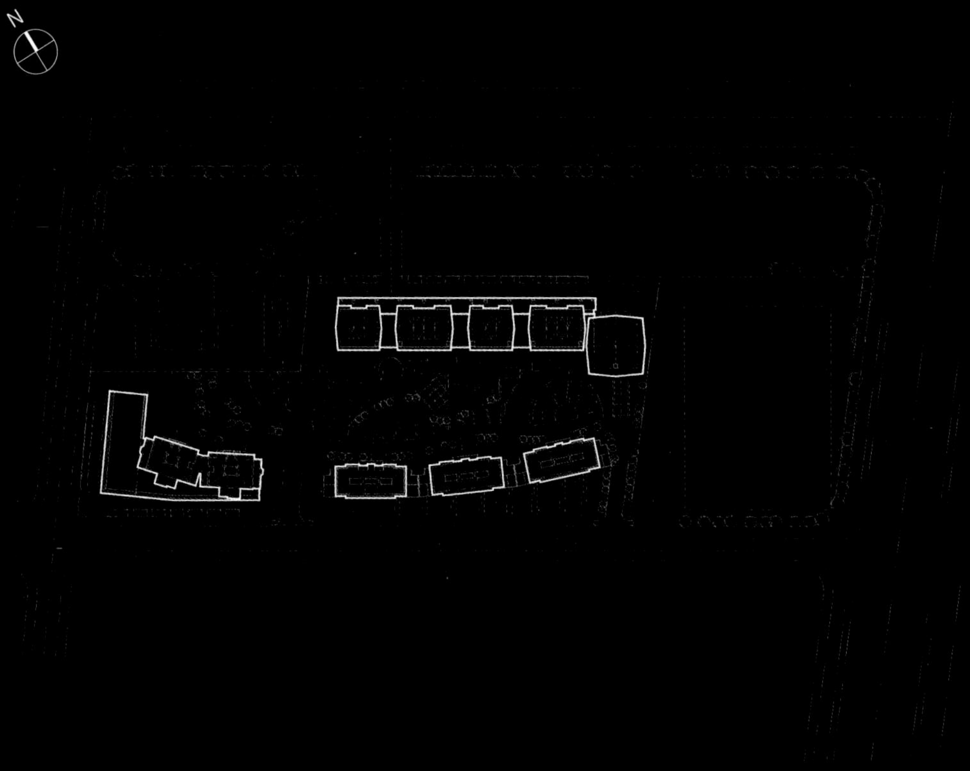
N

厦门·上东美地

2007年

泰式园林＋新古典建筑首次尝试，
极其舒适的南北通透经典板式结构，
功能至上一直是建发产品设计的核心价值之一。

占地面积：1.7万m^2
总建筑面积：2.95万m^2
容积率：1.6
竣工时间：2007年

项目位于市政府重点规划的区域——湖边水库景观生态区。面宽16m纯板式结构，挑高9m大露台，拥有厦门东部绝佳的户型。片区内拥有香山国际游艇码头、国际网球中心等高规格国际配套设施。

厦门 · 上东美地全景

异域风情初尝试

欧式立面

该项目为建发房产初期欧式的建筑立面风格，

以质朴的材质与柔和的色彩表现清雅的风格，

精雕细刻的细部设计体现建筑精美感。

泰式园林

泰式园林赋予整个社区自然清新的田园味道，使其历久弥新。

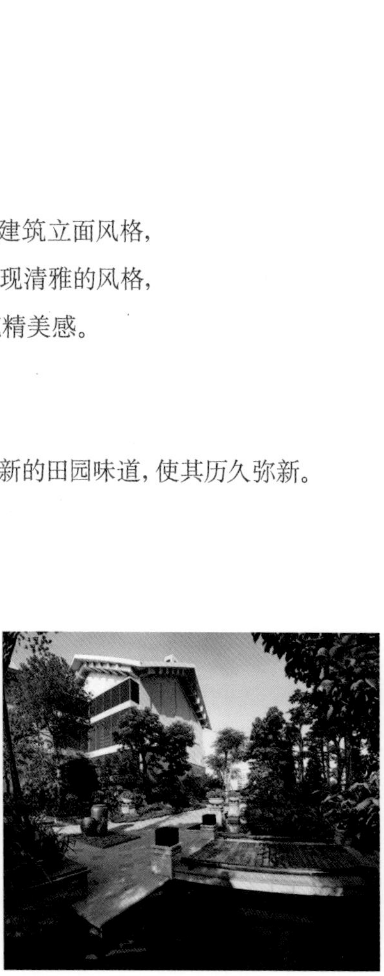

厦门 · 上东美地中庭

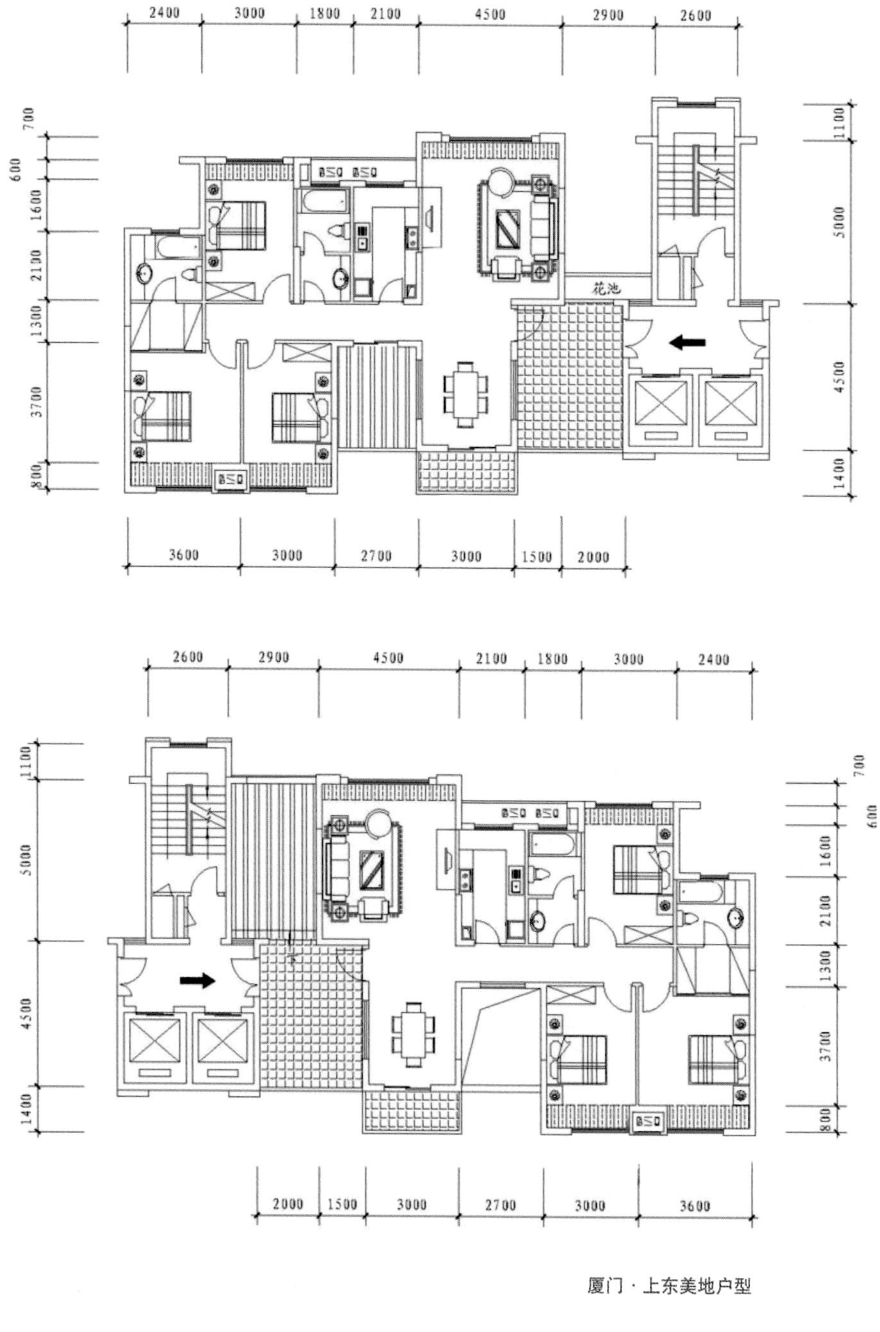
2400
3000
1800
2100
4500
2900
2600
花池
3600
3000
2700
3000
1500
2000
700
600
1600
2100
1300
3700
800
1100
5000
4500
1400

厦门 · 上东美地户型

绝版户型

约137m^2，南北通透板式结构，
每户坐拥16m以上的面宽，
所有客厅可欣赏小区中庭景观，两个卧室朝南，
三层一错的不计建筑面积的观景花园。

合理地利用当时的规范，
造就了如此完美的户型，
而现在随着规范的逐渐更新，
这个户型已经退出历史舞台。

厦门·上东美地次入口

勤修内功

低窗台

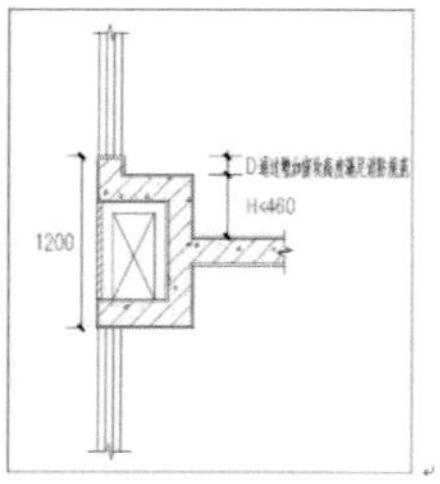

能做凸窗未做凸窗，且窗台高度过高

窗台高度部分规范

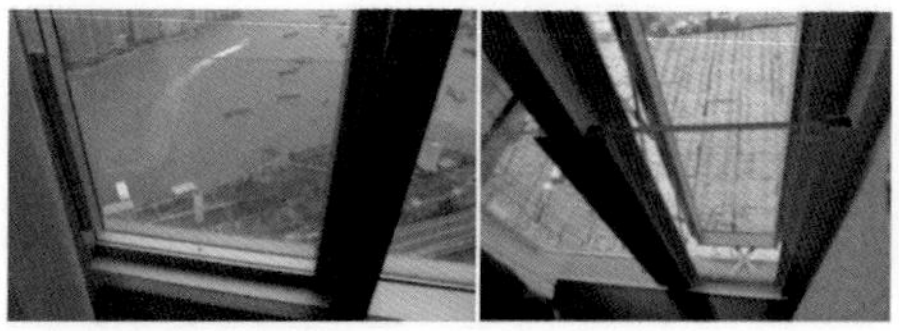

安全玻璃栏板

外防护栏杆

护栏部分规范

2008年，经济危机席卷全球，公司所有项目都遇到了困难。在这个大环境下，我们优先“修炼内功”，对产品有更高的要求，把多年来的开发经验，凝聚成厚达500余页的《设计技术规定》，2000余项设计标准。

比如窗户一项，规范就有46个。窗台高度尽量小于460mm，执手高度距地不得超过1500mm，空调出风口不得正对床头。窗户横杆，不得出现在视线范围之内。卫生间管道，不得紧贴卧室墙壁。每一次改动，都必须建立在论证和实践的基础上。客户感受到的是舒适与否，而我们要做的，是找到舒适与否的方案。

我们可以引领潮流，但一样会有自己的坚守。客户关心的是生活的感受，而我们要做的，就是让这种感受毫无瑕疵。对于厨房，我们考虑的是有没有更多的收纳空间，或者更大的操作面积。在卫生间里，我们要了解每一盏灯的用途，充足的灯光不一定就是合适的照明。国人生活的习惯，永远不会因为潮流而改变。

N
30F
33F
3F
3F
3F
3F
3F
3F
3F
3F
3F
26F

厦门·爱琴海

2008年

现代风格住宅的经典之作，
也是从这个时期开始，
建发对产品立面品质极为关注。

占地面积：4.4万m^2
总建筑面积：9.3万m^2
容积率：1.65（别墅区0.3）
竣工时间：2008年

“爱琴海”地处厦门环岛路以西，海景资源十分丰富，周边高档社区的氛围浓厚。社区内绿地率超过45%，为环岛路第一排低密度顶级海景别墅及海景公寓，是建发房产现代风格住宅的经典之作，是厦门顶级的滨海豪宅社区之一。

厦门 · 爱琴海高层

无遮挡海景

环岛路作为厦门的"颜值担当"，
当坐拥如此压倒性的景观优势的时候，建发需要做的，
只是把海景无遮挡地呈现给住户。

沿海第一排为容积率0.3的超低密度永无遮挡海景别墅，是厦门岛内容积率最低的海景别墅群之一，独栋别墅拥有上千平方米的超大私家院落（最大私家院落近2700m^2）。

3栋高层公寓气势磅礴，无遮挡的视线走廊，沿海外立面大玻璃面，为厦门首创独特的椭圆形高层公寓。最低150m^{2}以上的户型面积也保证了业主的私密、纯粹与同质性。

厦门 · 爱琴海阳台观海

厦门 · 爱琴海小区园林

厦门 · 爱琴海小区园林

厦门 · 爱琴海别墅

错置双拼

厦门 · 爱琴海别墅

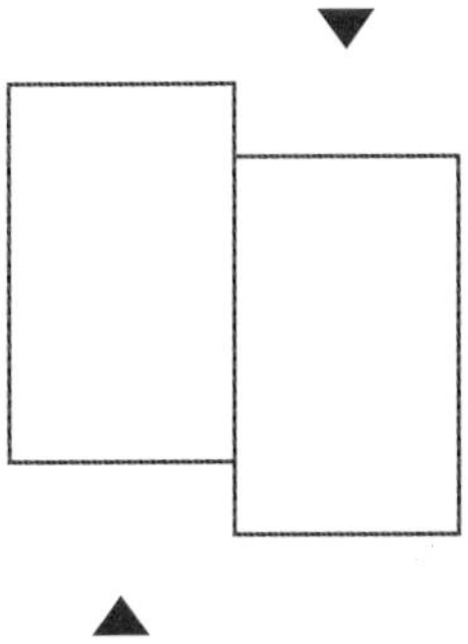

虽然爱琴海的别墅户型都是“双拼”别墅，
但从外观来看，却经常给人以独栋别墅的尊贵感。
究其原因，是因为我们特意把两栋双拼别墅错开布置，
一方面，可以减少两户之间互相的干扰，另一方面，可
以让访客产生这是一栋豪华独栋别墅的错觉。

现代海滨风格

从“爱琴海”项目开始，建发房产开始格外关注建筑外立面。经过不断尝试，项目最终以大飘阳台作为横向线条切割立面体块，海滨风味十足，最终得到公司内部及市场的认可。

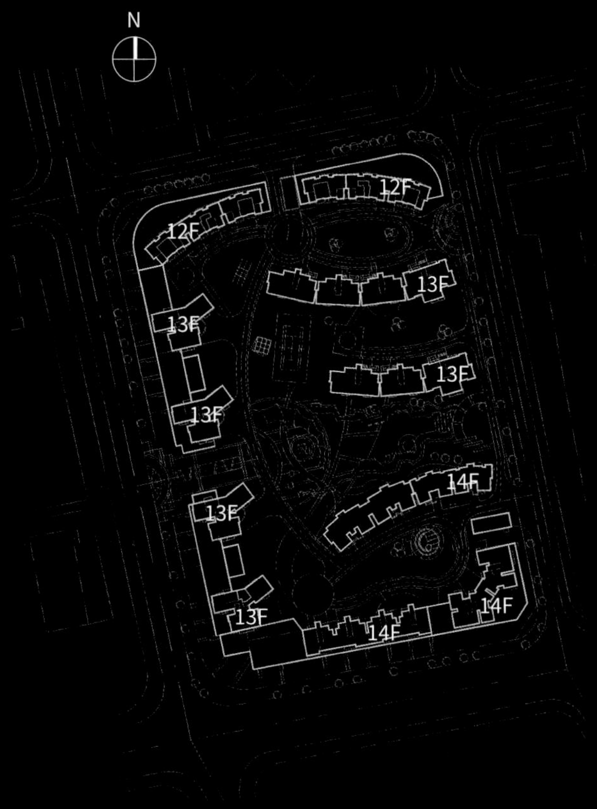
N
12F
12F
13F
13F
13F
13F
14F
13F
13F
14F
14F

厦门·书香佳缘

2008年

名称诠释了项目的气质，
建发房产极有意义的一次中式园林尝试，
与书香气质的现代立面相得益彰。

占地面积：5.2万m^2
总建筑面积：12.9万m^2
容积率：2.38
竣工时间：2008年

厦门 · 书香佳缘

项目定位为建发房产第一个中式园林+现代风格建筑，利用210m超宽楼间距形成了2万m^2的超大园林，以中式古典园林为蓝本，结合现代、简约的设计手法，力求创造出一种和谐的空间。这不仅是在设计理念上遵从传统，也符合中国的传统价值观。小区以组团式的社区规划格局、现代又略带书香气的建筑风格，使人貌似身在古典园林中却又处处感受到浓厚的现代气息。

厦门 · 书香佳缘小区风貌

厦门 · 书香佳缘入口广场

古今相融

个性鲜明的现代建筑，尝试了中式和书香气相结合的立面风格，立面简约明快，色彩淡雅和谐。特别强调通透感，设置了大面积的凸窗、落地窗、转角窗及通透阳台，保证户内视野。

厦门 · 书香佳缘游泳池

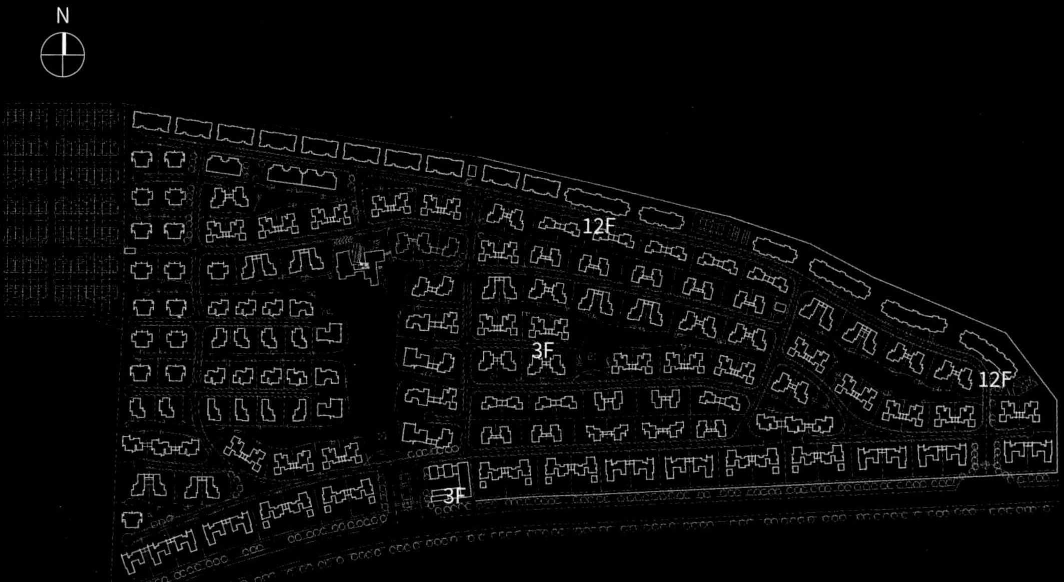
N
12F
3F
12F
3F

福州·领域

2009年

现代风格滨江别墅珍品。

占地面积：12.9万m^2
总建筑面积：8.54万m^2
容积率：0.66
竣工时间：2009年

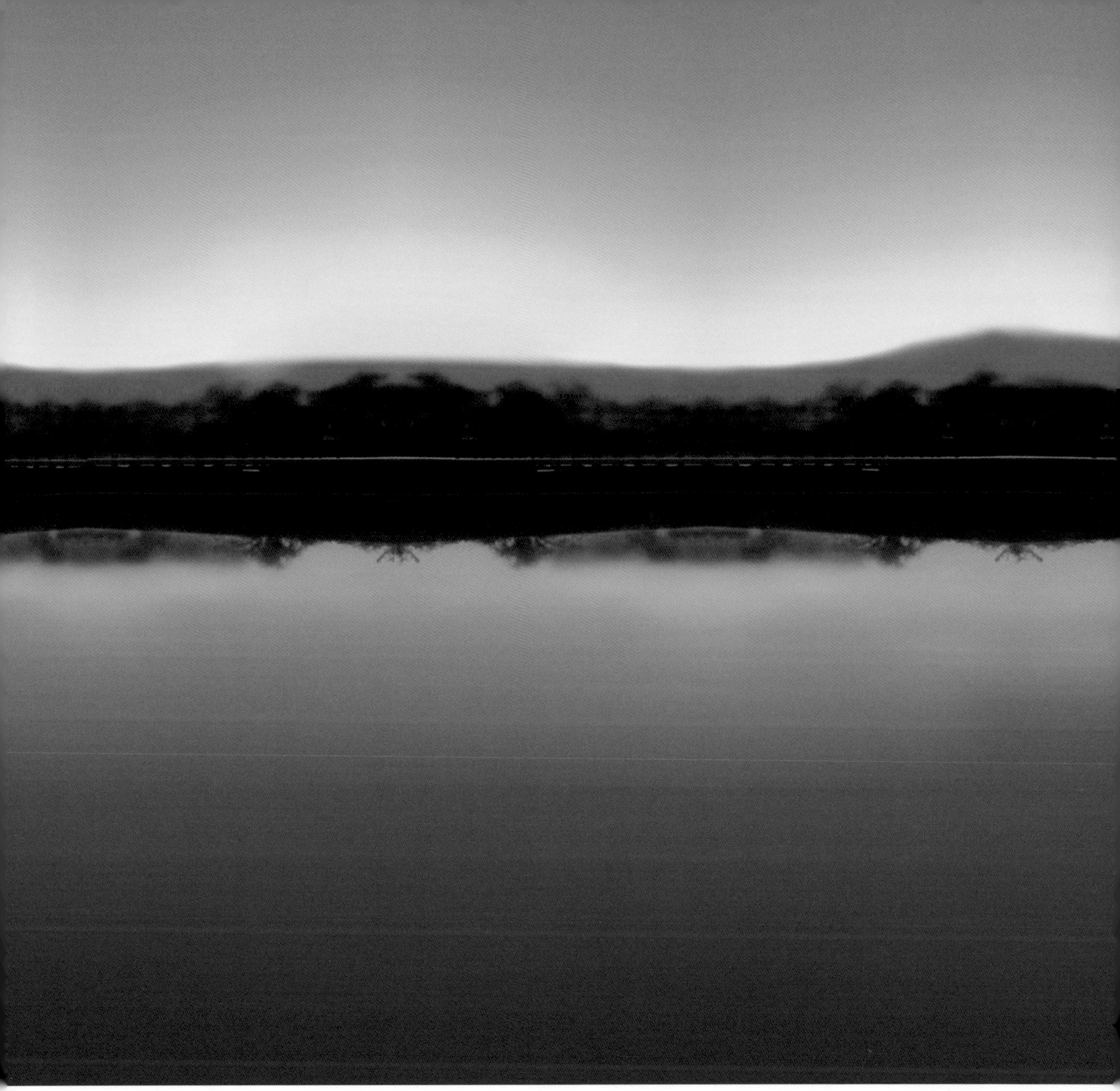

福州 · 领域会所水景

占据国宾江湾一公里，对望鲤鱼洲国宾馆，毗邻百年荔枝林，并私享400亩生态岛屿。纯别墅规划，纯净的天赋资源，别具质感的匠心之作，已成为榕城江湾别墅珍品。

福州 · 领域别墅

福州 · 领域水景

漳州·半山墅

2011年

现代风格别墅作品，
从这个时期，我们开始研究如何打造近郊别墅盘。

占地面积：26万m^2
总建筑面积：8.5万m^2
容积率：0.47
竣工时间：2011年

地处厦门西岸，依山面海，坐落于千亩原生山林的生态奇景中，以厦门人“第一居所”为设计理念，倡导轻松型居住社区的全新居住方式，享山、林、湖、海景观资源，成就海西半山纯别墅群。

漳州·半山墅沿湖风貌

漳州 · 半山墅独栋别墅

漳州 · 半山墅样板房客厅

漳州 · 半山墅样板房露台

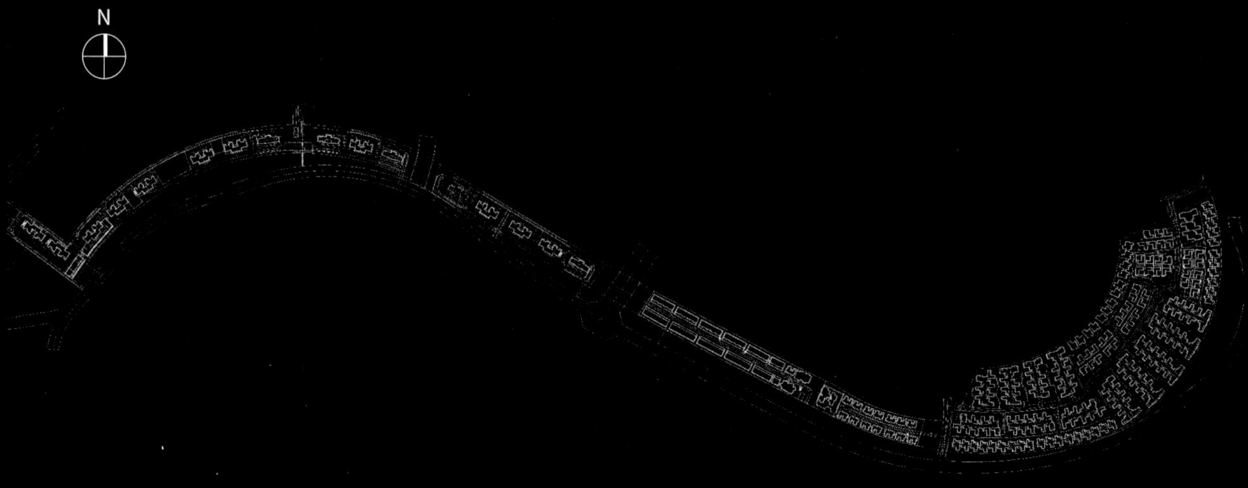
N

成都·浅水湾

2012年

建发房产产品打磨历时最长的一个项目，
公司内部的风格博物馆，
不同时期开发的建筑立面风格和产品完全不同。

占地面积：20万m^2
总建筑面积：53.9万m^2
容积率：1.8
竣工时间：2012年

位于成都人民南路南延线上，紧邻锦江湾畔，占地20万m^2，配套1200亩体育运动休闲广场。临锦江绵延2700多米，一江、半岛的丰富景观资源使之成为西南地区极为稀缺的高端生态居住低密社区。

社区内配备国际体育运动休闲公园，数十种高端体育运动休闲配套，近10万m^2人工湖泊，周边还规划有市政公园、苏码头风情商业街等娱乐、休闲、商业、餐饮胜地。

成都 · 浅水湾会所

成都 · 浅水湾总体鸟瞰

成都 · 浅水湾会所

成都 · 浅水湾一期别墅

成都 · 浅水湾二期别墅

成都 · 浅水湾三期高层

多种风格

这个项目的别墅体量大、周期长，在历史的演变中，造成了同一个盘多种风格的特殊情况：会所是泰式的，一期为托斯卡纳风格，二期为欧式风格，三期为现代风格。

托斯卡纳风格灵感来自兰乔圣菲（Rancho Santa Fe）。延续简朴、优雅、迷人的特色，在建筑中大量使用文化石、凸窗、小木屋，纯手工打造。建筑平面以起居和餐厅空间为核心紧密联系室外院落，相互贯通，与周围自然环境交汇融合。

欧式风格运用大量天然材料创造出丰富的材质肌理，配上高低起伏的赤陶屋顶，产生一种具有强烈节奏感的视觉效果。造型上，塔和圆形大厅高于其他屋脊，给人一种强烈的等级、永恒和庄严感。

现代风格硬朗大气，实现了一种新的探索，不同于城市里的一个个水泥盒子，它充满着生命的张力，让人不自觉地去想象，去实现，符合柯布西耶为我们描绘的"一个梦想中的家，一个向往自然、蓝天和白云的家"。

成都 · 浅水湾会所

成都·浅水湾会所室内

成都 · 浅水湾一期立面细节

托斯卡纳风

建发房产一直怀着对新中式的梦，在这个项目开始之初，也尝试过新中式的建筑设计，在公司内部产生了巨大的博弈；当时不少人认为，中式是无法做出顶级豪宅感的，设计人员只好按捺下心中的梦。

每个时期的选择并不能架空背景去判断对错，但是我们的方向永远是在现有条件下，以住户为中心，设计最优解。正如浅水湾一期，虽然是我们首次尝试托斯卡纳风的建筑，但是呈现的托斯卡纳风情也是很到位的，市场反响也很好。

别墅布局

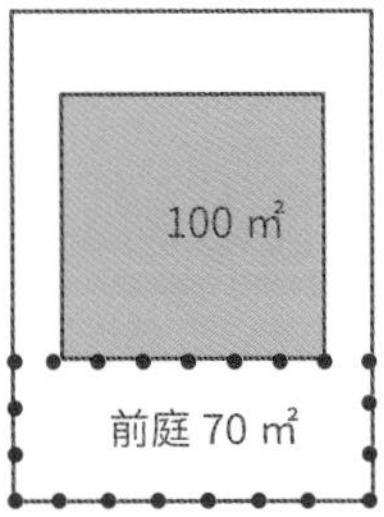

建筑占据用地中心的布局，庭院小而分散在用地四周，住户感受不强，其核心还是西方欧式园林的“园林包围建筑”的结果。

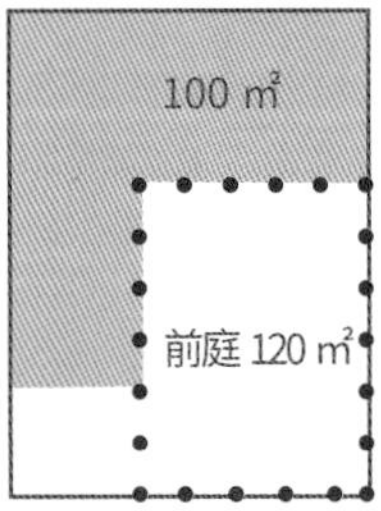

“L”形别墅，庭院方面集中在一个位置，相对集中，住户感受较强，尺度上也更舒适。这种布局方式也可理解为传统的中式“建筑包围庭院”的方式。

世界再大，不过一个院子。

项目设计团队充分对比了“L”形别墅和建筑居中别墅的优劣，结合成都这个城市“不考虑朝向”的特殊情况，决定采用“L”形别墅的布局。我们从这个项目就可以思考中西方的文化差异和对庭院的影响。

与同一时期的建发漳州半山墅同为近郊别墅产品，充分考虑了在近郊区位如何造城这个问题。浅水湾可视作后期中式产品“山外山”别墅的前身。

成都 · 浅水湾一期社区风貌

成都 · 浅水湾二期别墅

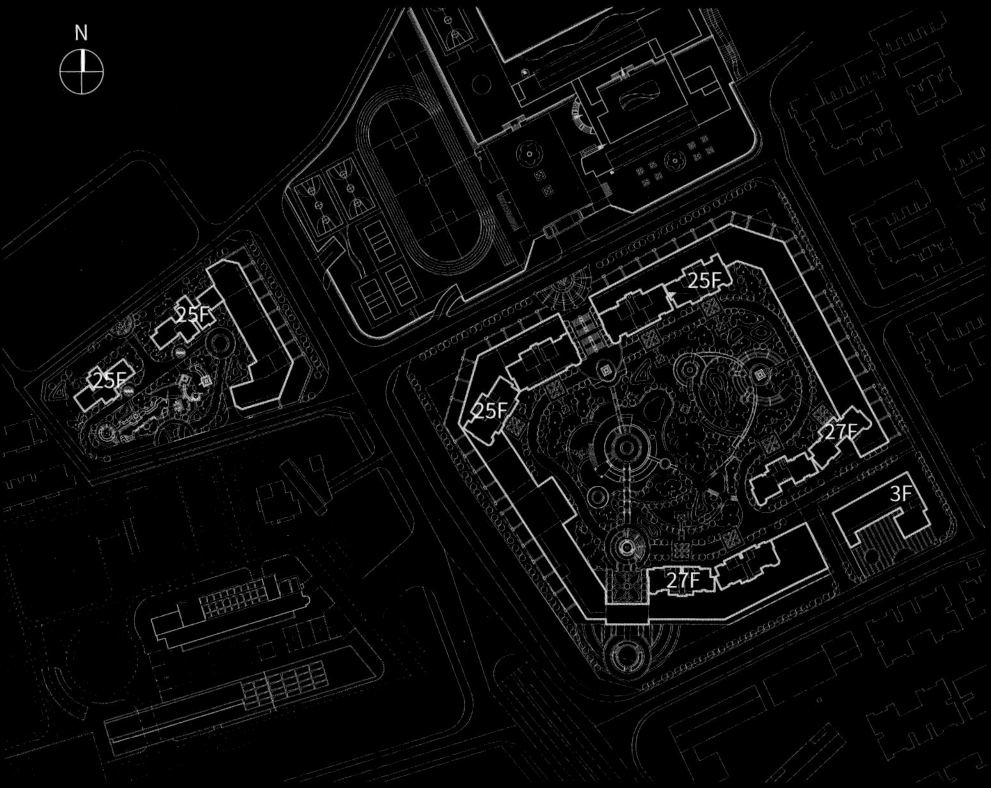
N
25F
25F
25F
25F
27F
3F
27F

厦门·半山御景

2012年

欧式风格建筑的殿堂之作；
首次采用酒店式入户大堂，
自此，建发开始极为关注社区
入户的舒适度和尊贵感。

占地面积：4.3万m^2
总建筑面积：13.4万m^2
容积率：2.42
竣工时间：2012年

位于仙岳山南麓，兼得自然与城市成熟配套。项目总建筑面积约13.4万m^2，遵循“以人为本，因地制宜”的山地高尚社区设计理念，锻造厦门背山面水山地公园名宅。

厦门 · 半山御景

极致细节

建发房产在尝试了多种现代立面风格之后，
随着企业规模的不断扩大，又转向了Art-deco风格。

相比现代风格的独特性，Art-deco风格的大量造型柱和细节，特别适合进行推广，终于在“半山御景”这个项目，完成了欧式外立面风格建筑的殿堂之作，运用大量装饰构件，巧妙组合花草图腾等细节元素，而线条架构干净利落，外立面整体挺拔，尽显恢宏典雅的欧式之美。

厦门 · 半山御景顶部细节

厦门 · 半山御景墙身细节

厦门 · 半山御景次入口

厦门 · 半山御景中庭风貌 —1

厦门 · 半山御景中庭风貌 –2

厦门 · 半山御景主入口

厦门 · 半山御景首层电梯厅

厦门 · 半山御景地下室电梯厅

入户情感体验

建发房产在这个项目中格外关注住户的入户体验，去营造入户情感，
半山御景首次尝试把酒店大堂的设计思路引入入户大堂的设计，
酒店式艺术精装和超尺度设计，
挑高6m首层门厅、全自然采光标准层电梯，
地上、地下双大堂设计，
带来的是完全不同的归家和迎客体验。

尊崇楼王更设置了贯通门电梯、刷卡到户、独立式入户门厅及观景式电梯，
极大提升居住私密度和尊贵感。

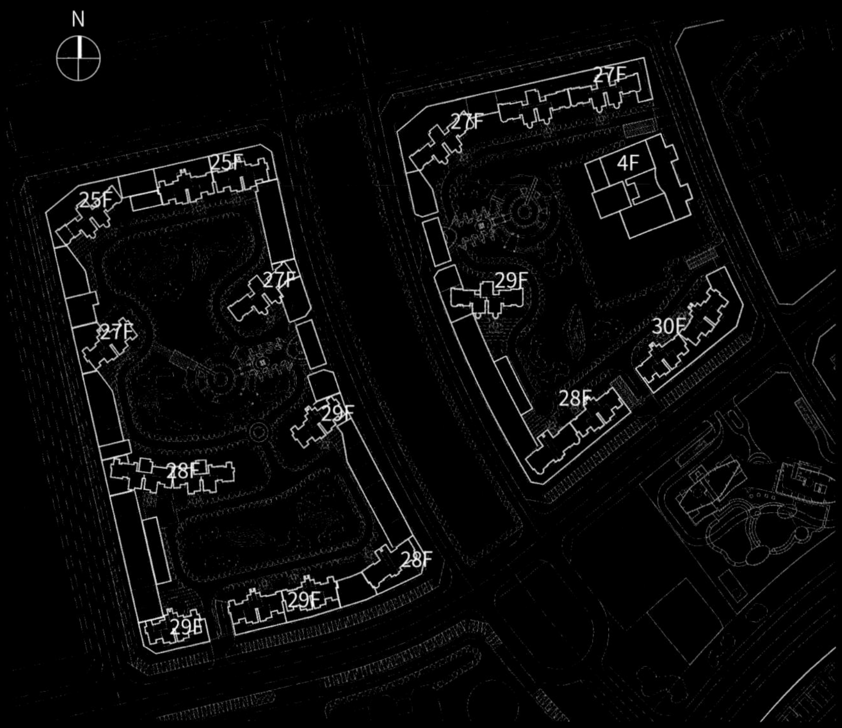
N
27F
27F
4F
25F
25F
27F
29F
27F
30F
28F
29F
28F
28F
29F
29F

厦门·中央湾区

（珊瑚海、琥珀湾）2014年

五缘湾上，岛心绝版大体量综合体，

建发批量精装产品的扛鼎之作。

一期指标

占地面积：4.7万m^2

建筑面积：18.3万m^2

容积率：2.9

竣工时间：2014年

二期

占地面积：3.6万m^2

建筑面积：13.6万m^2

容积率：2.9

竣工时间：2015年

建发·中央湾区坐镇厦门“新城市会客厅”五缘湾内湾，前拥厦门最华丽内海湾、三公里海岸线，中国南海唯一国际帆船港；后靠厦门宁静的候鸟湾，完整的湿地、温泉、公园、水岸风貌。以厦门岛内49.46万m^2的罕有大体量，拥有七个子地块，建设了融五星级酒店、办公写字楼、大型商业及高档精装房于一体的大型城市综合体。

厦门 · 中央湾区整体鸟瞰

厦门 · 中央湾区琥珀湾主入口

酒店式体验

建发中央湾区·琥珀湾是中央湾区的高档精装房。

“中央湾区·琥珀湾”的建筑是简约新古典风格，在多年研究欧式外立面的基础上，外立面手法极为成熟，基座以石材雕琢，外墙裙楼入口干挂石材。

产品外部注重公共空间的打造，酒店式双入户大堂以及门厅、舒适宽尺度的电梯轿厢、电梯厅、公共走道营造出星级酒店式的空间享受。

厦门 · 中央湾区琥珀湾小区中庭风貌 —1

厦门 · 中央湾区琥珀湾小区中庭风貌 –2

精工

建发·中央湾区展示区现场展示四套精装样板房，该精装样板房均由知名设计师根据不同户型的特质，量身定做专属设计。

设计不仅体现在整体风格上，更体现在细节上，衣柜木饰面的线条都在设计师的精心设计之中。

吊顶设计有丰富的层次和细节设计；

电视背景墙采用天然大理石及木饰面装饰，充分预留了插座，最大化满足客户日常的使用需求。

厨房墙地面同为高级瓷砖，用料考究精细。

卫生间配有全套国际知名品牌洁具，以及暖风机等配套设施。

厦门 · 中央湾区精装方案

N
3.5F
3.5F
3.5F

厦门·央墅

2014年

楼王名为『翰宫』，为厦门岛内顶级别墅之一。

占地面积：4.67万m^2
总建筑面积：6.09万m^2
容积率：0.70
竣工时间：2014年

作为中央湾区传世大宅，央墅总建筑面积约6万m^2，规划约430~1200m^2纯低密社区，仅43席。项目据守五缘内湾中央领地，将一线湾景纳入私家视野，拥有世界级湾区配套，国际化的物业安防。外立面作为建发法式风格经典作品，打造顶级国际化高档社区的整体形象，沿用古典法式造院手法，铸造中心独家大院。央墅为建发开发序列中顶级产品，全球级贵重资产，铭刻时代荣耀，见证基业传承。

厦门 · 央墅鸟瞰

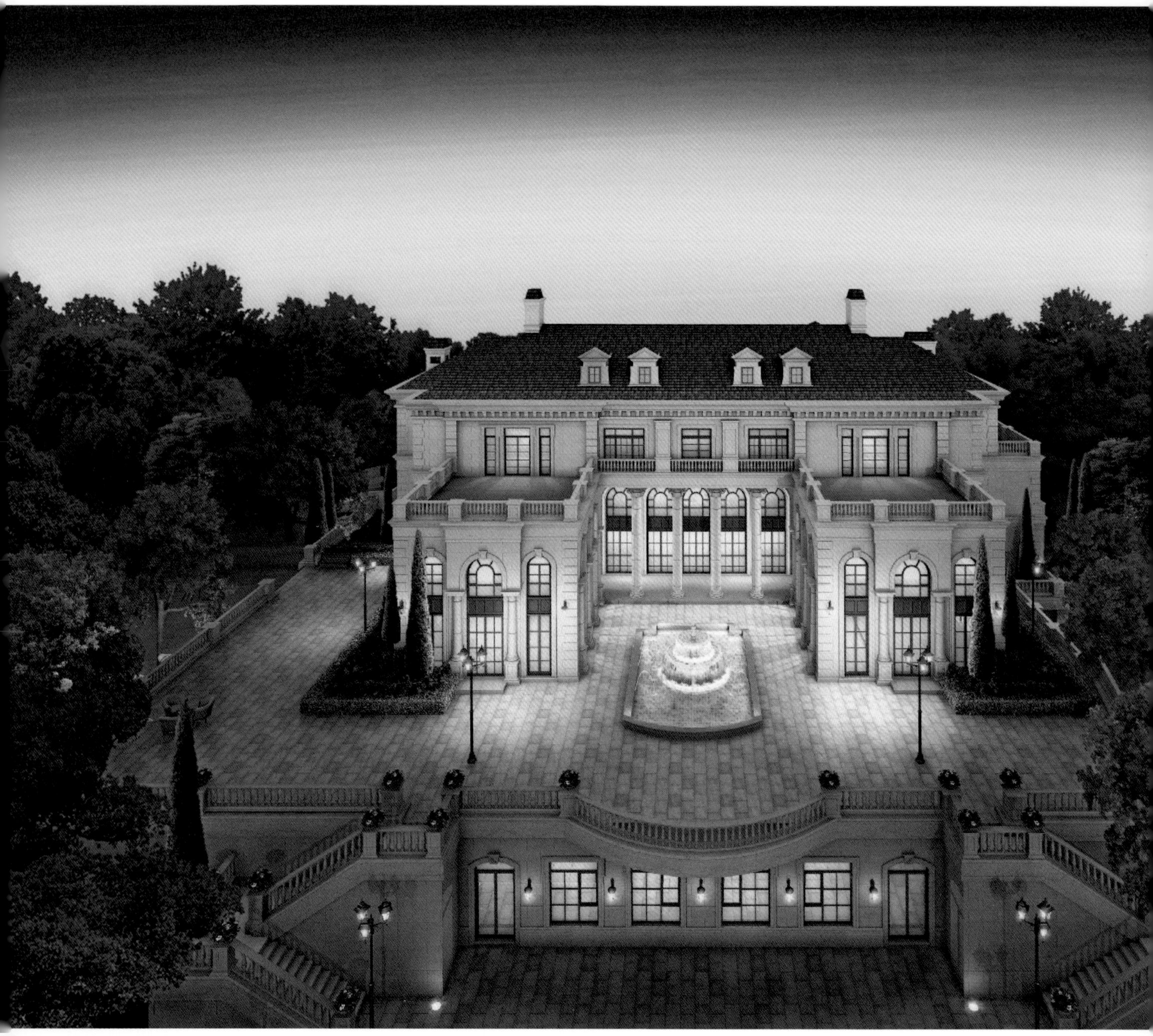

翰宫

厦门 · 翰宫

"央墅"项目的楼王，名为"翰宫"；
"厦门十大豪宅"等排行榜上名列前茅。

全套占地面积8亩，私家花园1200多平方米，唾手可得9000m²使用面积，
大环形庭院约7.2m的客厅挑高，地上三层，地下两层，
具备会所、办公、居住等复合功能，
为厦门乃至福建顶级别墅之一。

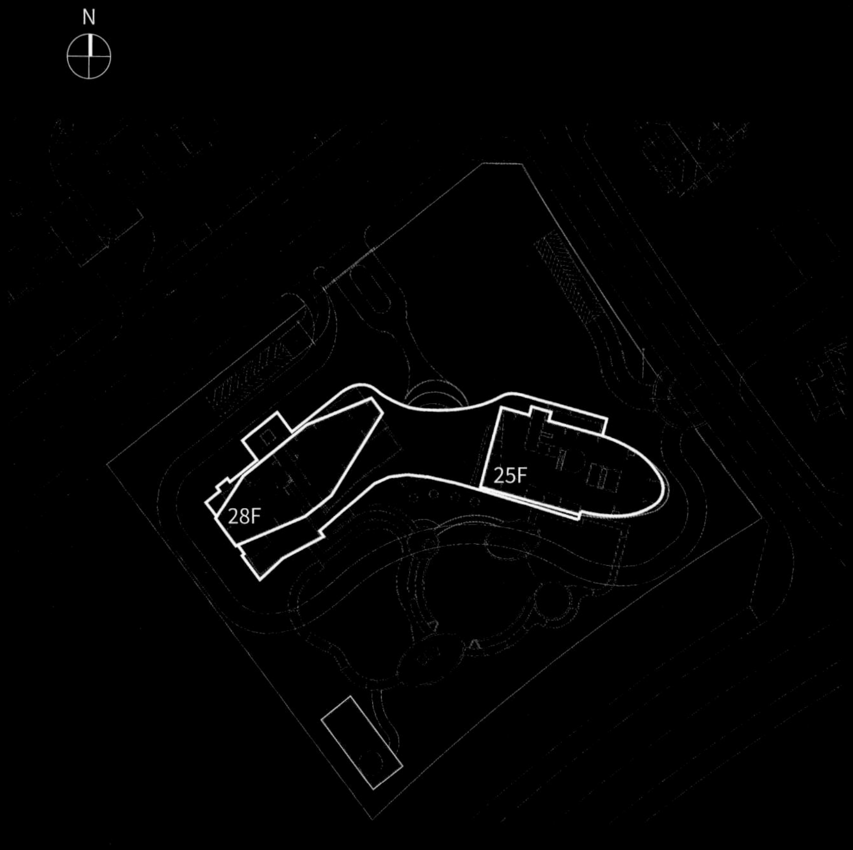
N
28F
25F

厦门·央座

2014年

创造性地将游艇的船头观景厅
融入户型的设计之中，
经年都不曾落后。

厦门 · 央座

占地面积：0.9万m^2
总建筑面积：4.2万m^2
容积率：3.4
竣工时间：2014年

于五缘湾上，用心精选约0.9万m^2优质土地，匠心雕琢约350m^2、550m^2大境平层。仅77席，拥藏五缘内湾，更凭显要地位、自然资源、定制精装、前瞻规划，纳尽雍容，傲立湾海之上，缔造厦门新高。央座为建发房产现代风格产品顶豪之作。

厦门 · 央座户内观景台

厦门 · 央座户内观景台

厦门 · 央座单元入口门梯

厦门 · 央座户内小区入口大门

旗舰式户型

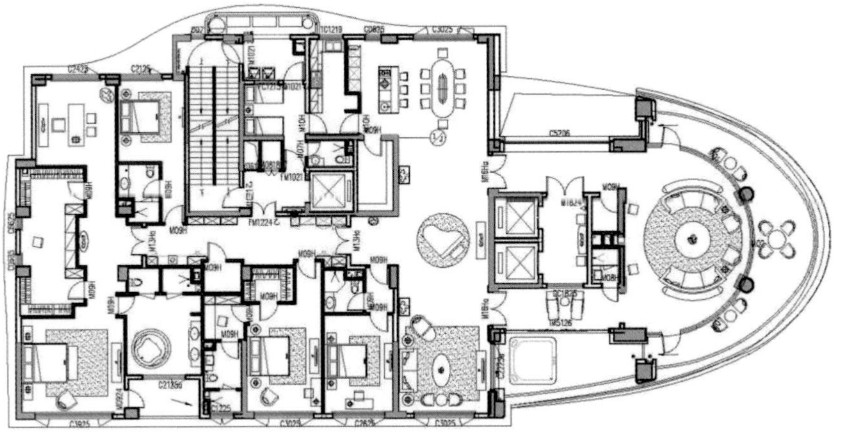

厦门·央座户型平面图

即使在厦门五缘湾这个“豪宅遍地”的地区，央座的外立面也是足够与众不同。550m^{2}的豪宅，是建发平层户型面积最大的产品，当时的定位就是必须做成“市面上完全与众不同的豪宅”。

起初的方案是方块形平面，经过不断研究讨论，逐步形成了大宽面，引入更多海景资源的旗舰型户型，创造性地将游艇的最大特色——船头观景厅以及飞桥的元素融入户型的设计之中，使其名副其实。

不仅是户型借鉴旗舰概念，整体造型也取自游艇元素，追求层次明显、富于动感的艺术境界和韵律感，线条流畅，简约大气。

小用地，大豪宅

项目所在用地为带状地形，
狭长且极其紧促，
如何在紧促的条件内，做出豪华感？
采用因地制宜的方式，
将高层建筑整体形成双排延展式，以最大限度利用五缘湾海景资源。
同时两幢平面图围绕大中庭半围合的布局，
确保每一户均能享有中庭大户型及南侧五缘湾海景。

厦门 · 央座单元入口

厦门 · 央座小区风貌

厦门 · 央座实体精装客厅

厦门 · 央座实体精装主卧

风格

所学专业不同，常常带来思考问题的方向不一致。

央座项目在精装风格方向选择时，有两派意见相持不下。设计团队认为，这么简洁时尚的外立面，应搭配同样简洁的现代风格精装，可以突出项目整体协调性和豪宅感；而营销团队却认为，在当时的外部市场环境下，现代风格的精装豪宅成功案例不多，相比之下，欧式风格的精装豪宅感较容易塑造。

风格本没有对错，思考的角度不一样带来的结论也是完全相反的。有的时候甚至团队内部都会观念冲突，意见相左，但是我们的目标同样都是为住户去争取更舒适的居住环境和生活体验。最后采用了欧式风格的内装，在市场上还是取得了不错的反响。

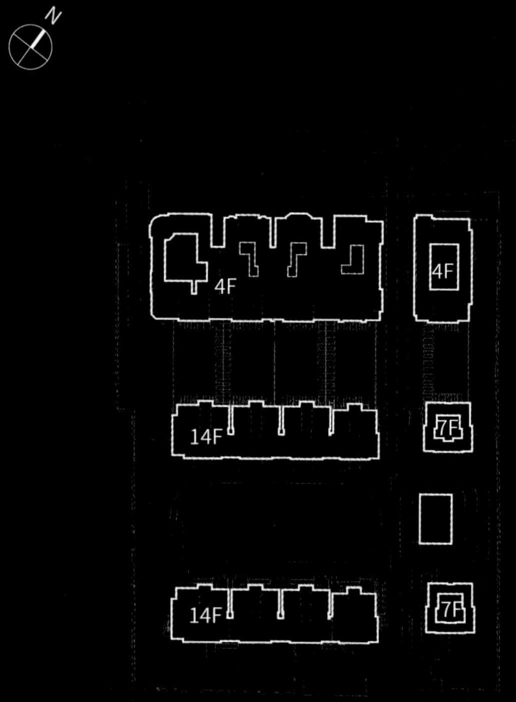
N
4F
4F
14F
7F
14F
7F

上海·公园央墅

2015年

项目位于上海老城区，上海海派风格，
建发初心匠造符合区域气质和质感的产品。

占地面积：1.8万m^2
总建筑面积：3.6万m^2
单栋地上建筑面积：2000−2600m^2
容积率：2
竣工时间：2015年

雄踞上海老城区内环公园畔，立体路网四通八达。项目由5栋海派别墅组成，单栋占地约1.5−2.5亩，单栋地上面积约2000−2600m^2，每栋配备约20个车位，户户专享阔绰风情庭院，集办公、接待、休闲、休憩等复合型功能于一体，以庞然格局海派风骨，锻造时代传奇。

上海 · 公园央墅街景

上海 · 公园央墅立面细节

上海 · 公园央墅立面细节

上海 · 公园央墅样板房露台

有历史感，才有价值感

上海·公园央墅夜景

公园央墅坐落于上海老城区，
继承着上海海派风格的气质，
建发人的匠心在这座建筑中发挥得淋漓尽致。

形成的5栋别墅，每栋都有自己独特的外立面和个性，当作别墅群整体来看，又是那么和谐。

WAPIT

CENTRAL VILLA

公园央墅

全国性荣誉

2018客户满意度全国第3名
2018房屋质量满意度全国第1名
2018投诉处理满意度全国第1名
2018物业服务满意度全国第4名
中国房地产企业最佳雇主品牌30强
2019中国房地产开发企业50强第39位（连续八年入围）
2019中国房地产开发企业综合发展10强第5位
国家一级房地产开发资质
中华慈善总会授予“中华慈善突出贡献单位奖”称号
金融资信AAA级企业
建设行业企业信用AAA级单位
全国“守合同，重信用”企业
全国房地产诚信企业

荣誉

地方性荣誉

福建省著名商标
福建省建设厅首批房地产品牌企业
海西（中国）房地产领军企业
福建省房地产企业百强首位
特区30年·城市贡献标杆地产企业
厦门最具慈善捐献突出贡献单位
厦门地产标杆企业
厦门市十大最具影响力地产品牌
厦门地产最荣耀品牌房企
上海地产企业大奖
长沙市房地产行业最佳企业公民
长沙地产企业十强
成都地产年度企业金奖
成都市最值得信赖房地产企业
成都购房者最值得期待品牌开发企业
成都新十大房产品牌企业
成都慈善企业

设计类奖项

厦门建发国际大厦获2013年亚洲及澳洲地区最佳高层建筑提名奖
苏州建发·中决天成售楼处获2015年艾特奖最佳陈设艺术设计奖
苏州建发·中决天成售楼处获2015年APIDA亚太地区室内设计大奖
苏州建发·独墅湾展示区获2015年金盘奖“年度最佳预售楼盘奖”
厦门建发·央玺展示区获2015年金盘奖别墅类年度网络人气奖(华南赛区)
厦门建发·央玺展示区获2015-2016年地产设计大奖优秀奖 项目综合奖金奖
上海建发·玖龙湾样板房获2016年艾特奖最佳样板房设计奖
上海建发国际大厦展示区获2017年德国红点奖
长泰建发·山外山等三项目获2017-2018年地产设计大奖优秀奖
长泰建发·山外山售楼处获2018年意大利A’ DESIGN AWARD银奖
福州建发·央玺获2018年金盘奖空间类“华南、华中地区年度最佳售楼空间奖”
长沙建发·央著获2018年金盘奖“年度最佳预售楼盘奖”
厦门建发·央玺获2018年金盘奖“年度最佳住宅奖”
厦门建发·央著鲤乐荟获2019年全球卓越设计奖(GEA)(教育类)大奖
上海·央玺获2019年美尚奖人文气质豪宅银奖
福州建发·央著、福州建发·央玺、厦门建发·央玺、厦门建发·央著、漳州建发·碧湖双玺、三明建发·玺院、建瓯建发·玺院、长沙建发·央著、无锡建发·玖里湾、厦门弘爱医院项目获2018-2019年地产设计大奖优秀奖
厦门建发·央玺大盘区获2018-2019年地产设计大奖 设计专项奖银奖
厦门建发·央著获WLA世界景观协会2019年居住类一等奖
福州建发·央玺获2019年意大利A’ DESIGN AWARD铂金奖

截至二〇一九年四月

工程类奖项

洋唐A09地块获2012年度福建“省级示范工地”
翔城国际获2013年度福建“省级示范工地”
翔城国际B04地块获2013年全国保障性住房设计专项奖三等奖
厦门国际金融中心获2014年度福建省“闽江杯”优质工程奖
洋唐A09、B05地块A09#-A13#及地下室获2015年度福建省“闽江杯”优质工程奖
洋唐居住区A09B05地块、A11地块获2015年福建省施工现场优良项目
洋唐居住区保障性安居工程A09、B05地块获2016-2017年度中国建设工程“鲁班奖”国家优质工程
海沧新阳居住区保障性安居工程一期获2017年度全国建设工程项目安全生产标准化建设工地(AAA)
海沧新阳居住区保障性安居工程二期获2018年度福建省建设行业“思总建设杯”架子工岗位技能竞赛获奖
洋唐居住区保障性安居工程A09、B05地块获2017-2018年度“安装之星”中国安装优质工程
洋唐居住区保障性安居工程二期A11地块获2018-2019年度第一批国家优质工程奖
厦门弘爱医院获2018年首届优路杯全国BIM技术大赛—铜奖
厦门弘爱医院获2018年匠心奖中国医疗建筑设计优秀项目
厦门弘爱医院获2019年首届中国十佳医院室内设计方案评审第六名

建发房产

以匠心营造每一个产品

2015

福州国宾府
上海公园首府
上海珑庭
上海新江湾华苑
成都中央鹭洲
龙岩上郡
泉州珑璟湾

2016

成都鹭洲国际　三明永郡
成都翡翠鹭洲　上海玖珑湾
厦门翰宫　厦门中央天成
三明燕郡　厦门中央天悦
龙岩央郡

2017

长沙中央公园

2018

成都第五大道
成都中央湾区
福州领墅
泉州珑玥湾
云霄半山御园二期
南平建瓯悦城一区

2019

深圳南庄项目
泉州珑璟湾三期
建瓯悦城二三期

2018

福州央玺　建阳央著
建瓯玺院　建阳悦府
厦门央著　三明央著
三明玺院　漳州玺院
南宁玺院　龙岩首院
福州央著　龙岩玺院
苏州璞悦　连江玺院
长沙央玺　无锡玖里湾
深圳玺园　连江山海大观
太仓泱著　漳州碧湖双玺
太仓泱誉　张家港御珑湾
南京央誉　福州永泰山外山

2019

广州央玺　珠海玺园
漳州央著　福州榕墅湾
珠海玺院　厦门玺樾
张家港泱誉　武夷山外山
南京国宾府　建阳玺院
杭州三墩北项目　莆田央著
杭州庆隆项目　莆田央誉
武汉玺院　仙游PS-2012-20块
武汉江夏P66项目

2017

上海建发国际大厦　厦门钟宅拆迁办公楼
成都鹭洲里　湖里区文化艺术中心及
上海君逸大厦　后埔社区发展中心项目（三期）
厦门金砖五国会议主会场　后埔社区发展中心项目（一期）-北楼
洋唐居住区保障性安居工程　厦门畲族社区安置房A区
厦门金枋世家

2018

海沧新阳地铁社区一期
厦门弘爱医院
厦门金枋至尊安置房
中国人民银行厦门市
中心支行营业办公用房

2019

美仑花园安置房　薛岭安置房
金林湾花园B区安置房　枋湖安置房
后埔社区发展中心项目　厦门湖里区社会福利服务中心
钟宅新家园改造　洋唐保障性安居工程三期
后吴公寓　中国人民银行厦门中心支行
翔安新店保障房地铁社区　新建发行库房和人防工程
翔安新店林前综合体　后埔社区发展中心项目（二期）
海沧新阳保障性住房　祥平保障房地铁社区三期项目
黄厝会议中心安置房　新浦嘉园安置房项目
欧厝新村建设工程　澳头特色小镇代建项目
厦门弘爱妇产医院

009
州领域
圣地亚哥
西山汇景
金山国际
2010
厦门中央美地
漳州半山墅
2011
2012
长沙汇金国际
厦门半山御景
成都浅水湾一期
成都金沙里
成都天府鹭洲
上海新江湾景苑
福州领地
福州皇庭美域
上海江湾萃
福州皇庭丹郡
2013
2014
上海璟墅
厦门央墅
厦门央座
厦门翔城国际
漳州建发美一城
建阳悦城
厦门中央湾区

2016
苏州独墅湾
2017
上海央玺
长泰山外山
长沙央著
苏州泱誉
合肥雍龙府
泉州中泱天成
连江领郡
长沙中央悦府

2015
厦门悦享中心
南平建阳悦城中心
厦门档案大楼
后埔社区发展中心项目（一期）
厦门明溢花园
2016
厦门湾悦城
厦门凯悦酒店
厦门自贸区中心渔港

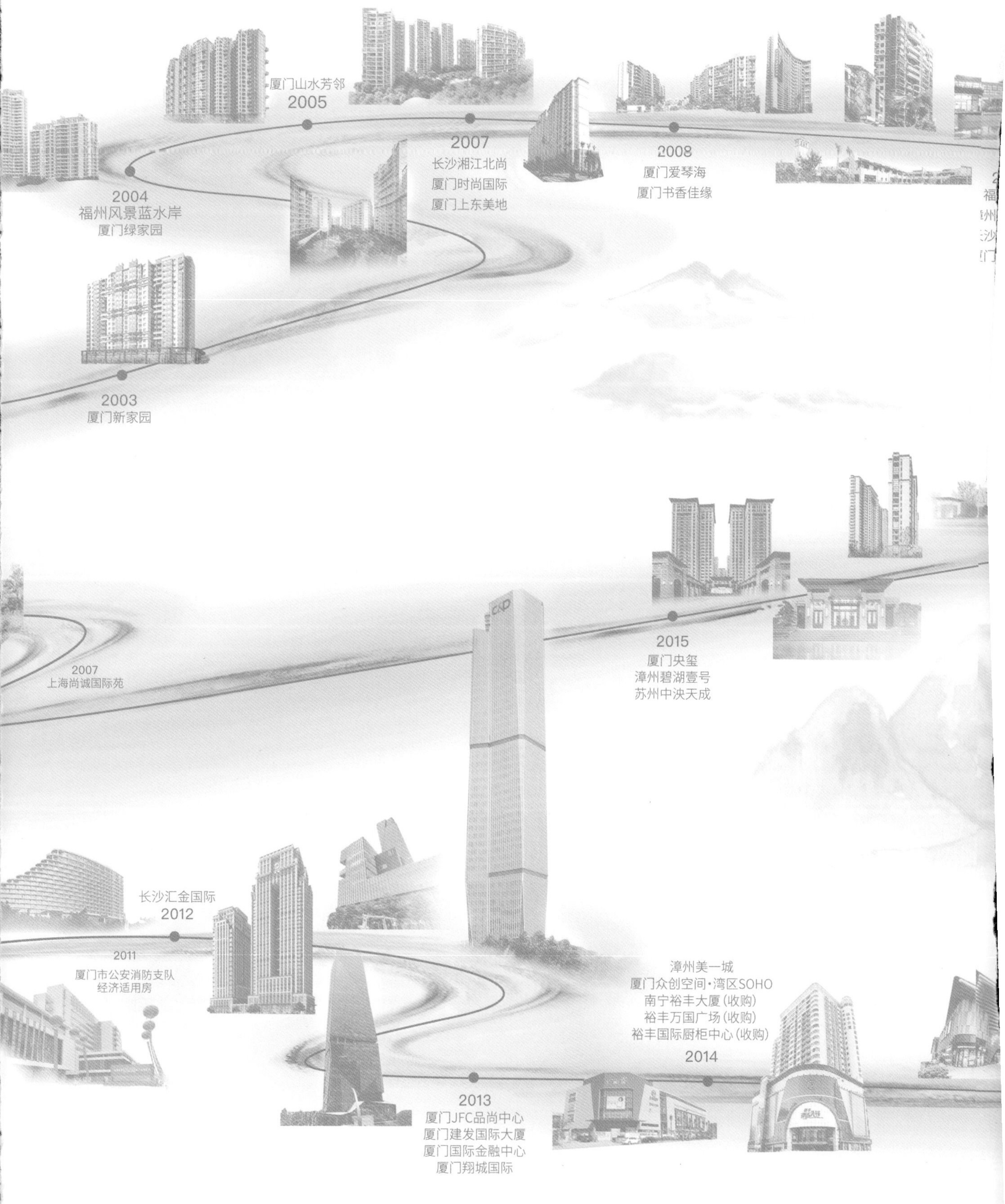

2003
厦门新家园
2004
福州风景蓝水岸
厦门绿家园
厦门山水芳邻
2005
2007
长沙湘江北尚
厦门时尚国际
厦门上东美地
2008
厦门爱琴海
厦门书香佳缘
2007
上海尚诚国际苑
2015
厦门央玺
漳州碧湖壹号
苏州中泱天成
长沙汇金国际
2012
2011
厦门市公安消防支队
经济适用房
2013
厦门JFC品尚中心
厦门建发国际大厦
厦门国际金融中心
厦门翔城国际
漳州美一城
厦门众创空间·湾区SOHO
南宁裕丰大厦(收购)
裕丰万国广场(收购)
裕丰国际厨柜中心(收购)
2014

建发房产产品史
现代欧式产品
新中式产品
代建公建产品
1984
厦门华侨新村
1994
厦门白鹭苑
1999
厦门建发花园
2000
厦门鹭腾花园
厦门汇禾新城
2001
厦门海韵园
1988
厦门海滨大厦
厦门海光大厦
石狮狮城国际广场
厦门国际会议中心
厦门国际会议中心音乐厅
2008
2010
彭州市人民医院
厦门国际会议中心酒店

匠造

建发房产作品集

建发房产 编著

新中式卷

中国建筑工业出版社

图书在版编目(CIP)数据

匠造：建发房产作品集／建发房产编著．—北京：中国建筑工业出版社，2019.9（2020.10重印）
ISBN 978-7-112-24051-7

Ⅰ.①匠… Ⅱ.①建… Ⅲ. ①建筑设计-作品集-中国-现代 Ⅳ.①TU206

中国版本图书馆CIP数据核字（2019）第158117号

责任编辑：张幼平　费海玲
责任校对：王　烨

匠造——建发房产作品集
建发房产　编著
*
中国建筑工业出版社出版、发行（北京海淀三里河路9号）
各地新华书店、建筑书店经销
北京方舟正佳图文设计有限公司制版
北京富诚彩色印刷有限公司印刷
*
开本：880×1230毫米　1/16　印张：32¾　字数：336千字
2019年12月第一版　2020年10月第二次印刷
定价：688.00元（共3册）
ISBN 978-7-112-24051-7
（34547）

目录

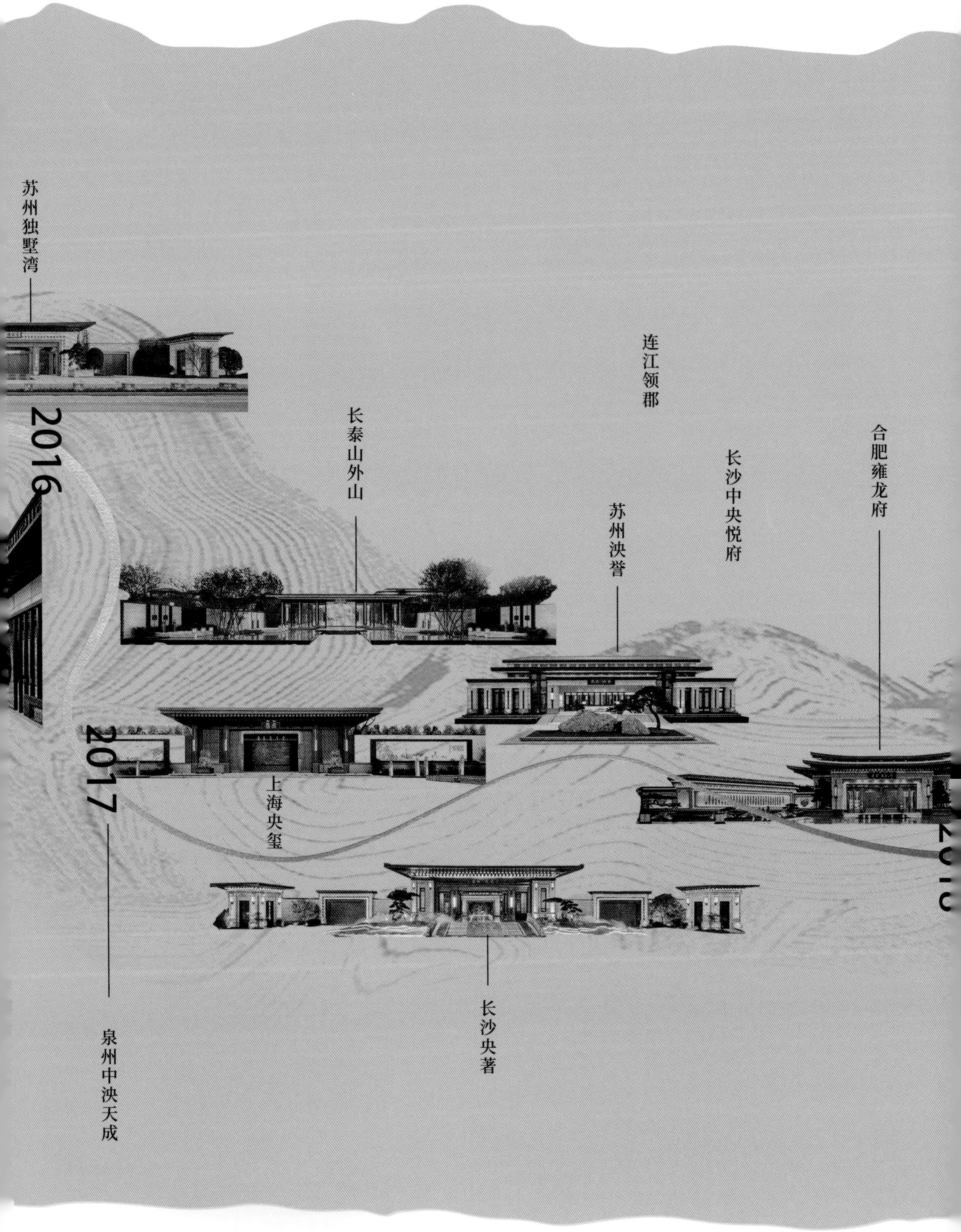

苏州独墅湾
2016
长泰山外山
连江领郡
苏州泱誉
长沙中央悦府
合肥雍龙府
2017
上海央玺
长沙央著
泉州中泱天成

海韵园

2001

2007

上海尚诚国际苑

厦门央玺

2015

漳州碧湖壹号

苏州中泱天成

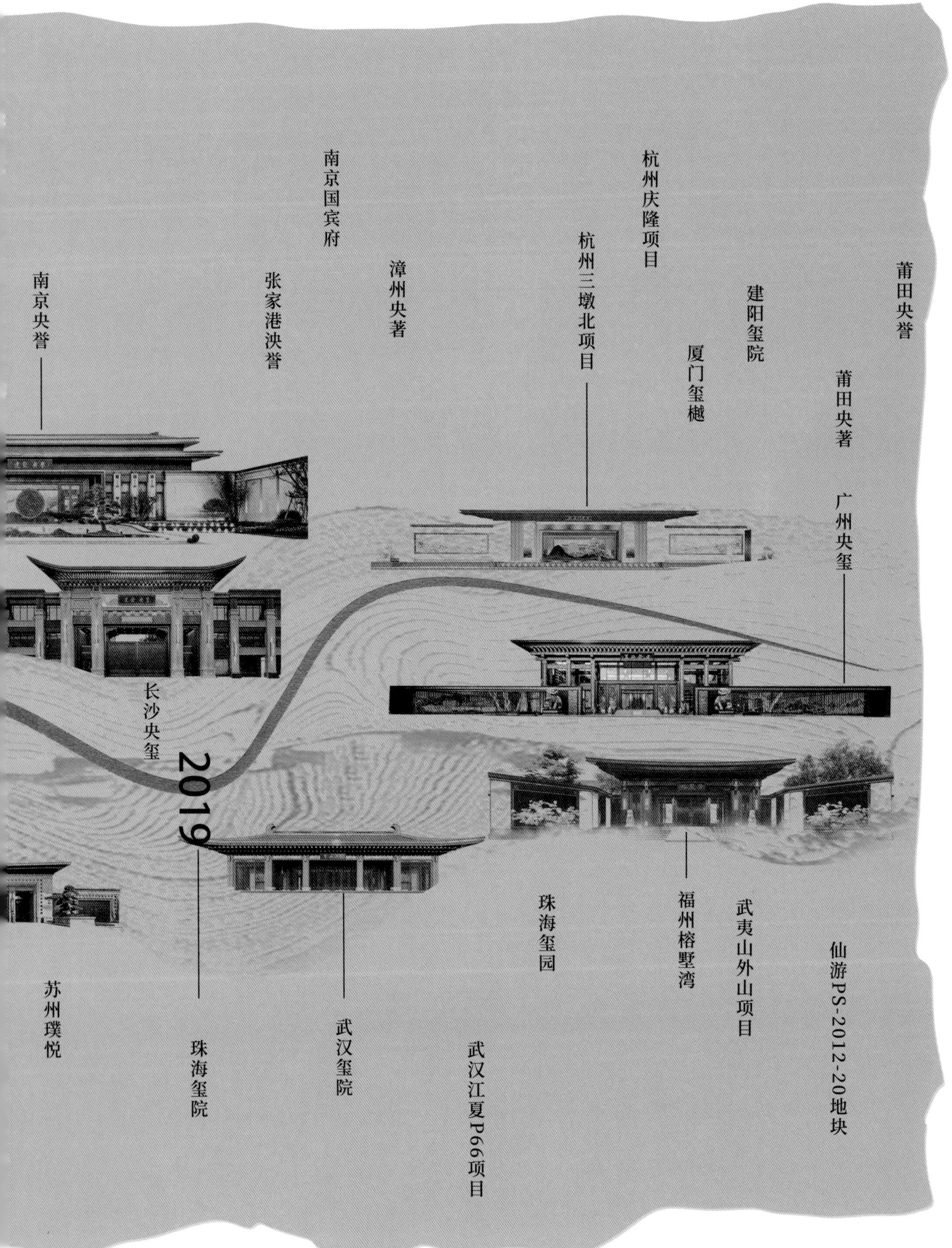
南京央誉
南京国宾府
张家港泱誉
漳州央著
杭州庆隆项目
杭州三墩北项目
厦门玺樾
建阳玺院
莆田央誉
莆田央著
广州央玺
长沙央玺
2019
苏州璞悦
珠海玺院
武汉玺院
武汉江夏P66项目
珠海玺园
福州榕墅湾
武夷山外山项目
仙游PS-2012-20地块

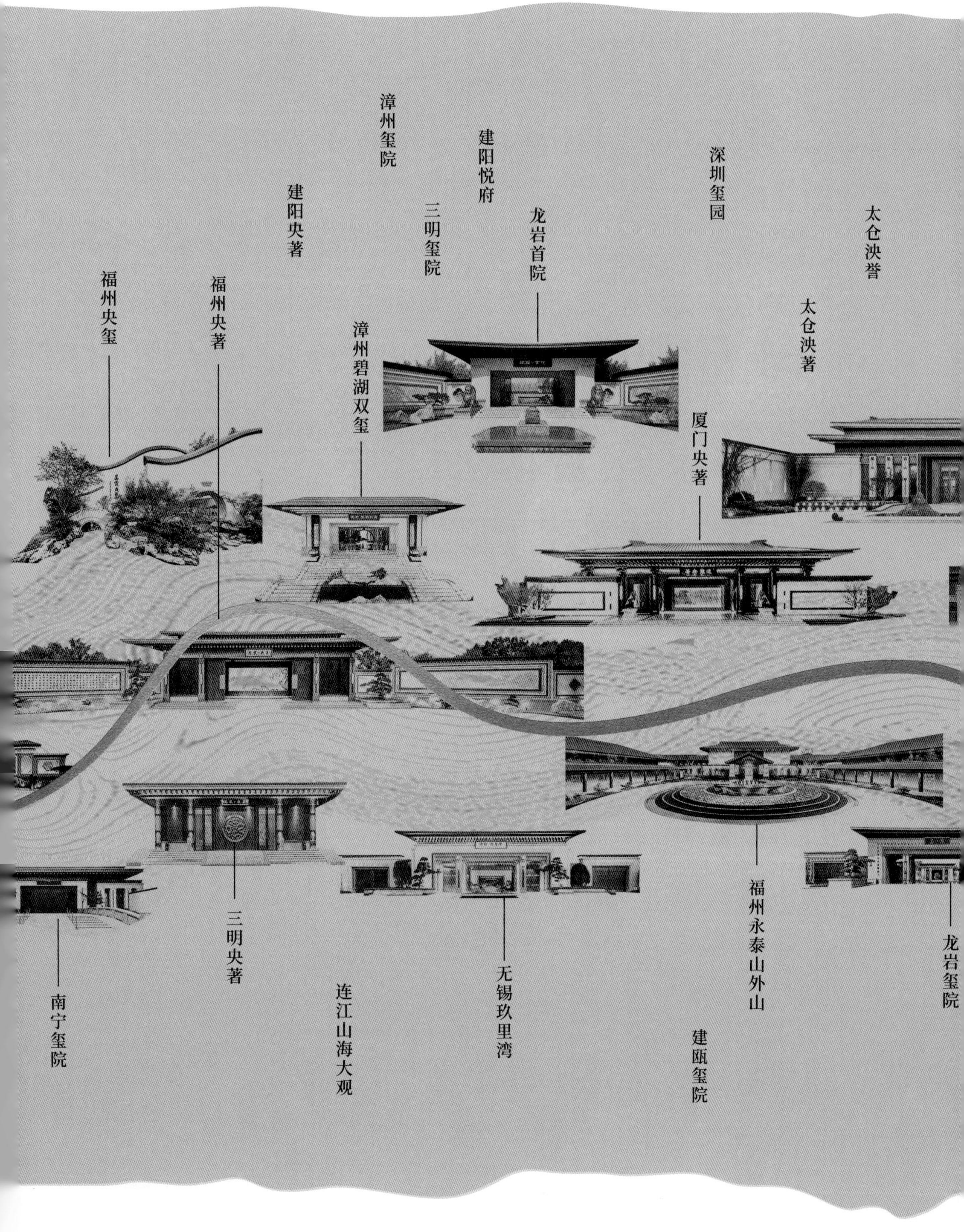
漳州玺院
建阳悦府
深圳玺园
建阳央著
三明玺院
龙岩首院
太仓泱誉
福州央玺
福州央著
漳州碧湖双玺
太仓泱著
厦门央著
福州永泰山外山
龙岩玺院
三明央著
无锡玖里湾
连江山海大观
建瓯玺院
南宁玺院

建发新中式产品核心理念

儒門

儒为儒之礼，门为礼之门
遵从儒家礼制思想，以礼仪之门彰显威仪气势，
三进门院营造归家礼序。

唐風

唐为盛唐气度，风为大国风仪
建发房产承纳盛唐雄劲气度，构建沉稳色彩体系，
延展大美中式风仪。

道园

道为道法自然，园为古典园林
以古典园林为原型，理水叠山；取亭廊桥等为元素，移步易景；
追求道法自然，创造诗画意境，形成游园林体验。

華紋

华为中华文脉，纹为定制纹样
传承中华文脉渊源，意喻吉祥；包容神州大地万象，量身定制。

儒家与礼

礼，非发源于儒家，却发扬于儒家。儒家以礼为本，将礼看作一切行为最高的指导思想。几千年来，儒家几乎占据正统思想的地位，因此礼也顺应发扬延续至今。

建筑与礼

“门堂之制”这一独具中国传统特色的“门”“堂”的分立，在理论上是出于内外、上下、宾主有别的“礼”的精神，并逐渐成为一种传统建筑平面布局的原型构成。

“礼”对于建筑造型有着理性的制约。“礼制”的外在形式，以追求整齐划一为特征，即一切的活动都有可遵循的外在标准。

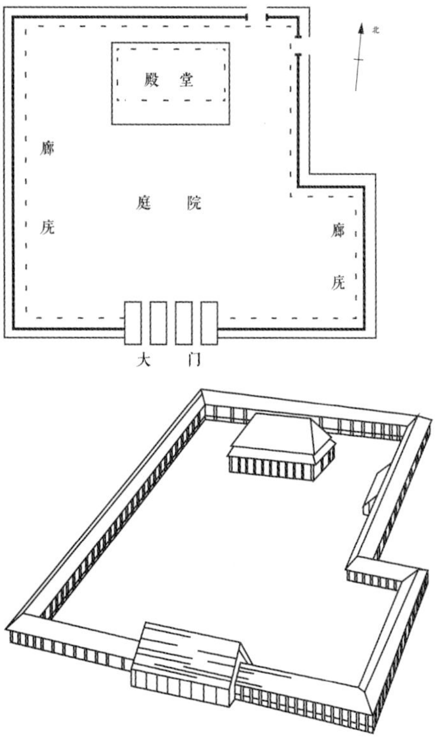

河南偃师二里头宫殿遗址，距今约三千多年，以“门”“庭”“堂”为构成元素，已形成主次之分房屋形制，体现中国建筑典型的布局方式。

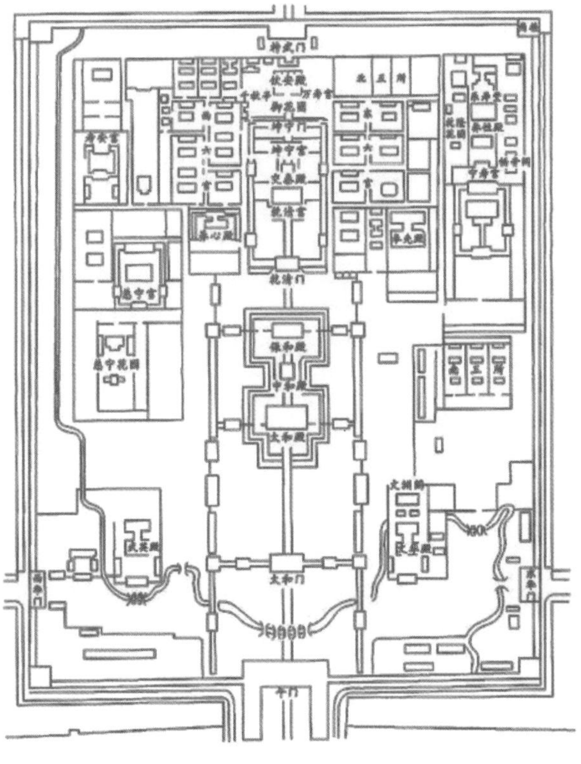

前朝后寝、五门三朝的礼的隆重规则，礼仪性空间序列与艺术空间序列的高度统一。

建发与礼

建发房产提取儒家“礼”之精神内核，尊崇儒家礼制思想，以礼仪之门彰显威仪气势。“儒门”，儒为儒之礼，门为礼之门，三进门院营造归家礼序，再造独属于建发新中式的核心理念之一。

一进，致敬城市。
二进，致敬宾客。
三进，致敬业主。

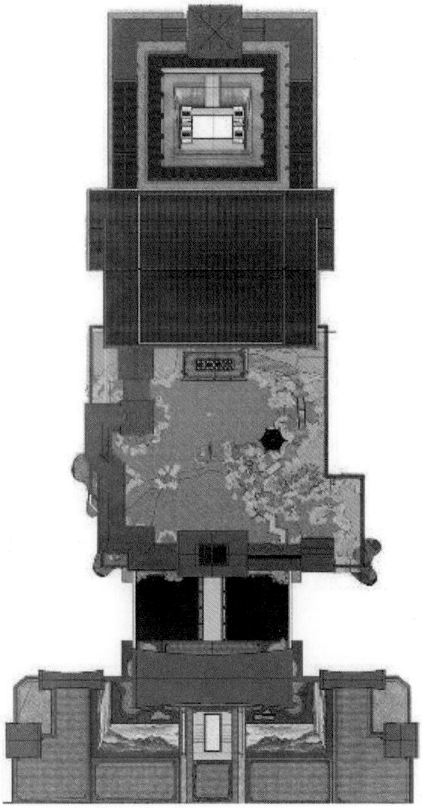

长沙建发 · 央著三进礼序

道元

道法自然

道家作为一种思想流派，起源于春秋末期，以老子、庄子为代表，以“道”为核心，认为大道无为、主张道法自然。崇尚无为顺应，朴质贵清，淡泊自由，浪漫飘逸；提倡无所不容，自然无为，与自然和谐相处。

道与园林

道家信奉“天人合一”，“道法自然”建立了道与自然的“联系”。道，自然也。自然即道，具体反映在造园上为一切取法自然、师法自然，追求“虽由人作，宛自天开”的造园意境。古典园林不分南北，均受到道家思想的影响，更加强调对自然的一种“隐秘的、本源的、持久的体会和感受”。

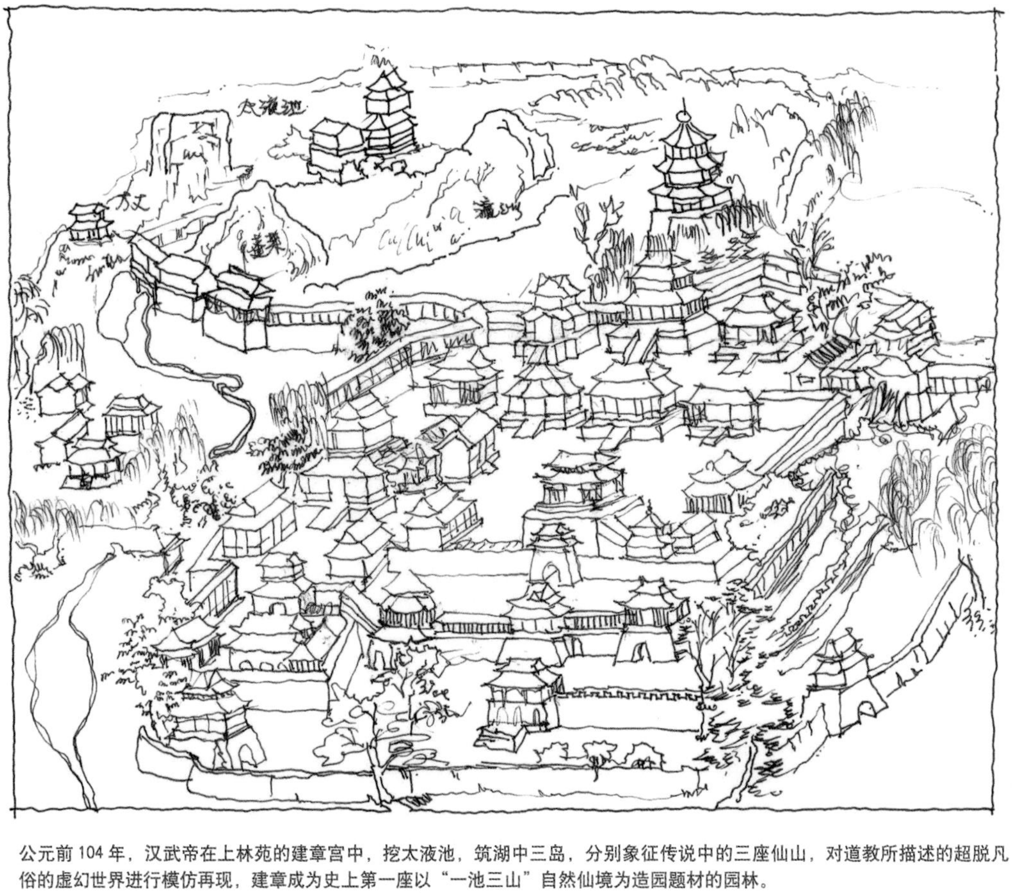

公元前 104 年，汉武帝在上林苑的建章宫中，挖太液池，筑湖中三岛，分别象征传说中的三座仙山，对道教所描述的超脱凡俗的虚幻世界进行模仿再现，建章成为史上第一座以“一池三山”自然仙境为造园题材的园林。

建发之道

建发房产师法古典园林，将文化价值和自然精神相结合，理水叠山；取亭廊桥等元素，移步易景；追求道法自然，创造诗画意境，形成游园体验。“道园”，道为道法自然，园为古典园林。

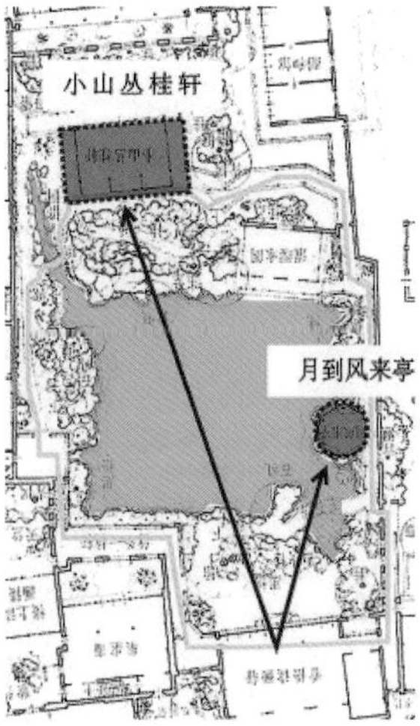

网师园

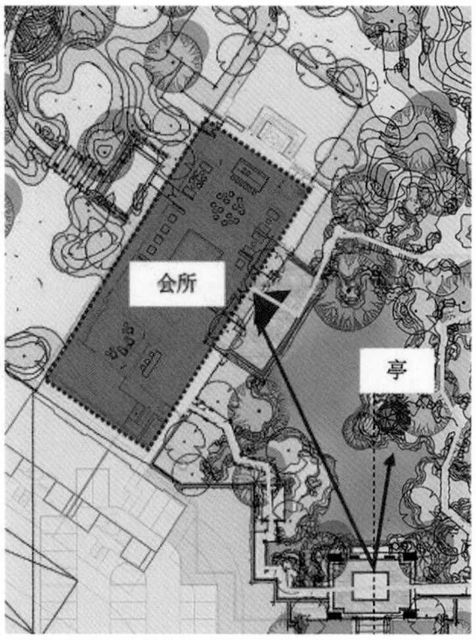

苏州建发 · 独墅湾

苏州建发 · 独墅湾实景图

长泰建发 · 山外山实景图

唐風

寻唐

唐代建筑是唐文化的重要组成部分，这一时期建筑个性鲜明，技术长足进步，水平延伸的形体比例，平缓舒展的飞檐，气势恢宏的斗栱，简明沉稳色彩，无一不展现出大唐盛世的风仪气度。

忆唐

唐代是中国历史上最为辉煌的一个王朝，是当时世界上最强大、最先进的国家。它国力强盛，经济繁荣，文化灿烂，达到了中国封建社会发展史上的最高峰，同时它的高度文明影响了许多国家和地区。

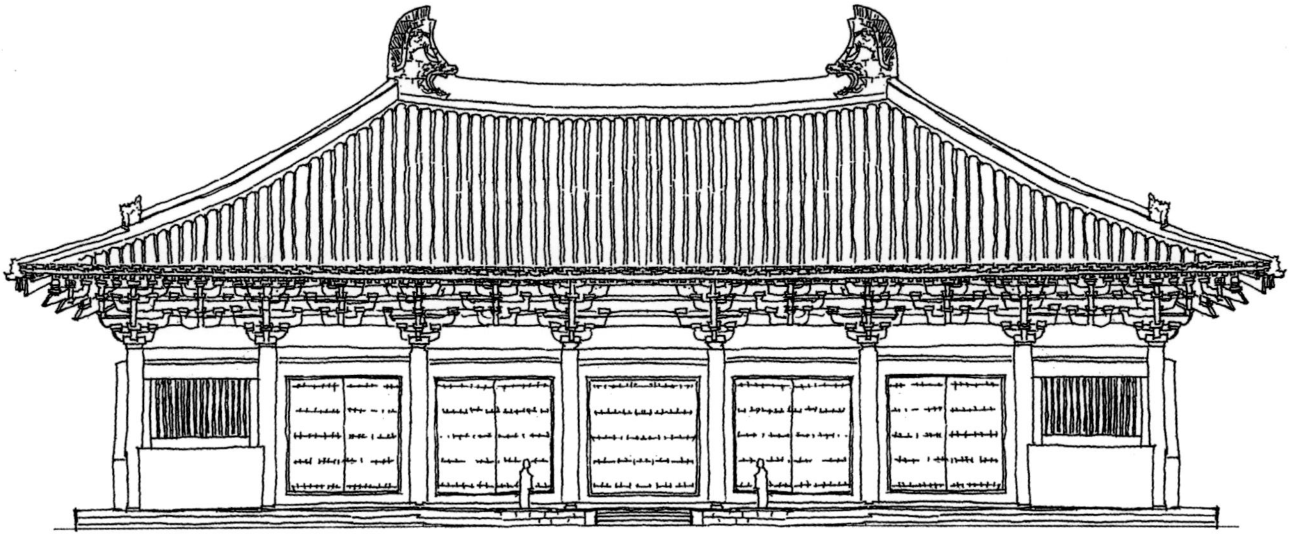

南禅寺正殿，重建于唐建中三年（782 年），中国现存最早的木结构建筑

建发与唐

基于对大国文化自信回归的认同，建发房产在诸多传统建筑风格中，选择了唐代建筑原型作为审美价值取向。“唐风”，唐为盛唐气度，风为大国风仪。

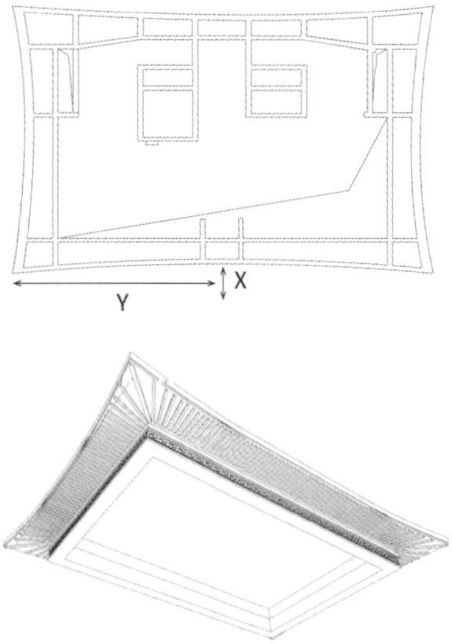

飞檐专利示意图

建发第一代产品

厦门 · 央玺

苏州 · 独墅湾

建发第二代产品

合肥 · 雍龙府

长泰 · 山外山

建发第三代产品

厦门 · 央著

厦门 · 央著

華紋

纹之永恒

中华纹样，传承千年。若以熟练运用其作为器物装饰的彩陶时期算起，至今约有六七千年。在这历史长河中，在不同朝代、民族、地域等因素影响下，诞生了各具特色的形式，沿袭传承，生生不息。

中华纹样，寓意吉祥。古人观察自然，朴素地认为"吉兆瑞应"即会带来"人寿年丰"，故以各种方式祈求吉祥如意。中华传统纹样即体现了中国民众普通而持久的"求吉"心理，尊崇的是"图必有意，意必吉祥"。

纹之万变

不同时期不同表达。这正是传统纹样与当时的历史文化相对应相契合的直观反映。

不同地域不同特征。由于神州大地幅员辽阔，在不同地域风俗的影响下，同一纹样的具体象征各不相同。

不同载体不同形式。中华传统纹样经无数能工巧匠之手，衍生发展到人们生活作息的方方面面。

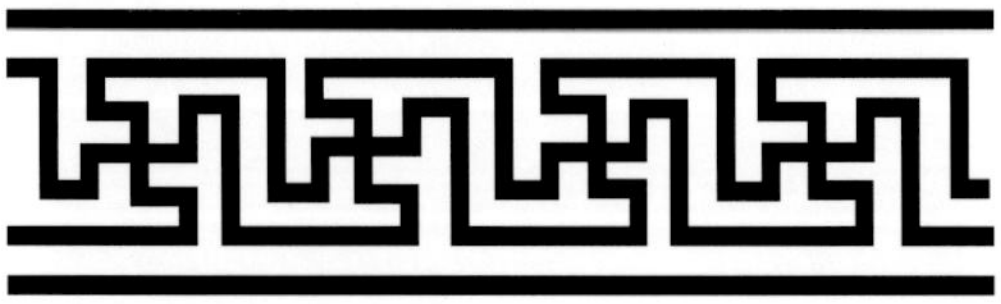

注：该图片摘自《中国纹样全集》

万字纹，相传源于对太阳等自然能量的崇拜，蜿蜒盘旋，不断延续，意蕴福寿延续

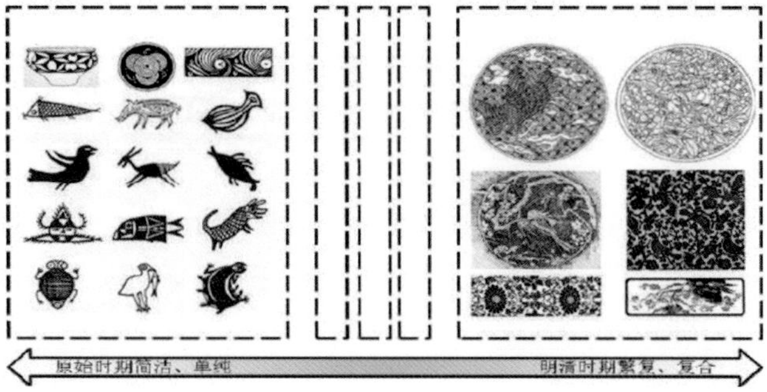

传统纹样复合性变化

注：该图片摘自《中国纹样全集》

鲤鱼跳龙门纹样

少数民族鱼纹

建发“华纹”

建发房产对中式传统美学建筑纹样兼容并包容，将对中式建筑的传承和创新悉数凝聚在各式纹样里，这既是一种建筑表现手法，也承载了穿越千年的动人情致。“华纹”华为中华文脉，纹为定制纹样。

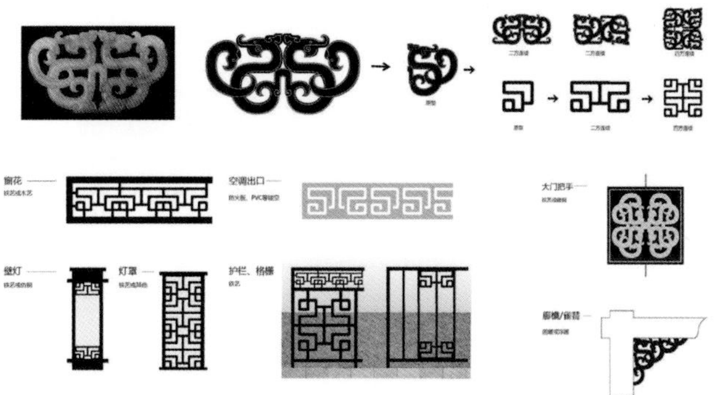

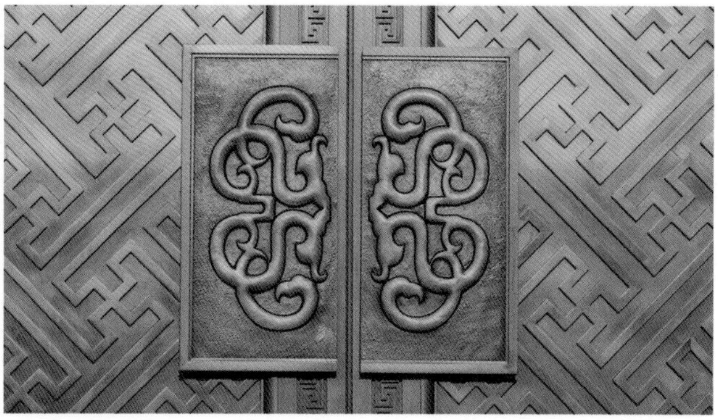

为契合合肥·雍龙府定位，结合“中山靖王佩戴双龙佩”打造专属纹样

为契合长泰·建发山外山休闲的区位，研发专属“山形纹”

为贴近上海·央玺摩登时代的大都市氛围，量身打造汉字印章镂空铜狮

[1+3] 新中式产品系

精粹系　专属定制　顶级居所

“精粹系”是建发房产新中式产品线中专属定制的顶级之作，仅以“央玺”命名，每一个“央玺”项目都代表建发房产在当地的最高水平，是专为城市高端人群量身打造的终极置业居所。

上海建发 · 央玺

厦门建发 · 央玺

城央系　城市核心　改善首选

“城央系”是建发房产新中式产品高端系列，以“央著”“玺院”等项目名称为代表。位于城市核心地段，为建发房产最擅长的高端改善型项目。

厦门建发 · 央著

长沙建发 · 央著

建发房产新中式产品已经累计申请了五十余项专利，并在不断增加中……

远见系　未来可期 宜居宜业

“远见系”是建发房产新中式产品的中高端系列，以“府”或“郡”字命名。更以独特眼光聚焦城市中发展潜力最佳的新兴区域，为城市潜力人群打造性价比最高的中式居所。

合肥建发 · 雍龙府

合肥建发 · 雍龙府

自然系　见山乐水 悠享生活

“自然系”是建发房产新中式产品系中代表最惬意最闲适生活方式的产品系列，以“山”“湾”等字命名。依附城市稀缺的自然资源，打造自然天地山水与人居生活完美交融，力求给现代城市中打拼的每一个人打造最佳放松身心之居所。

长泰建发 · 山外山

苏州建发 · 独墅湾

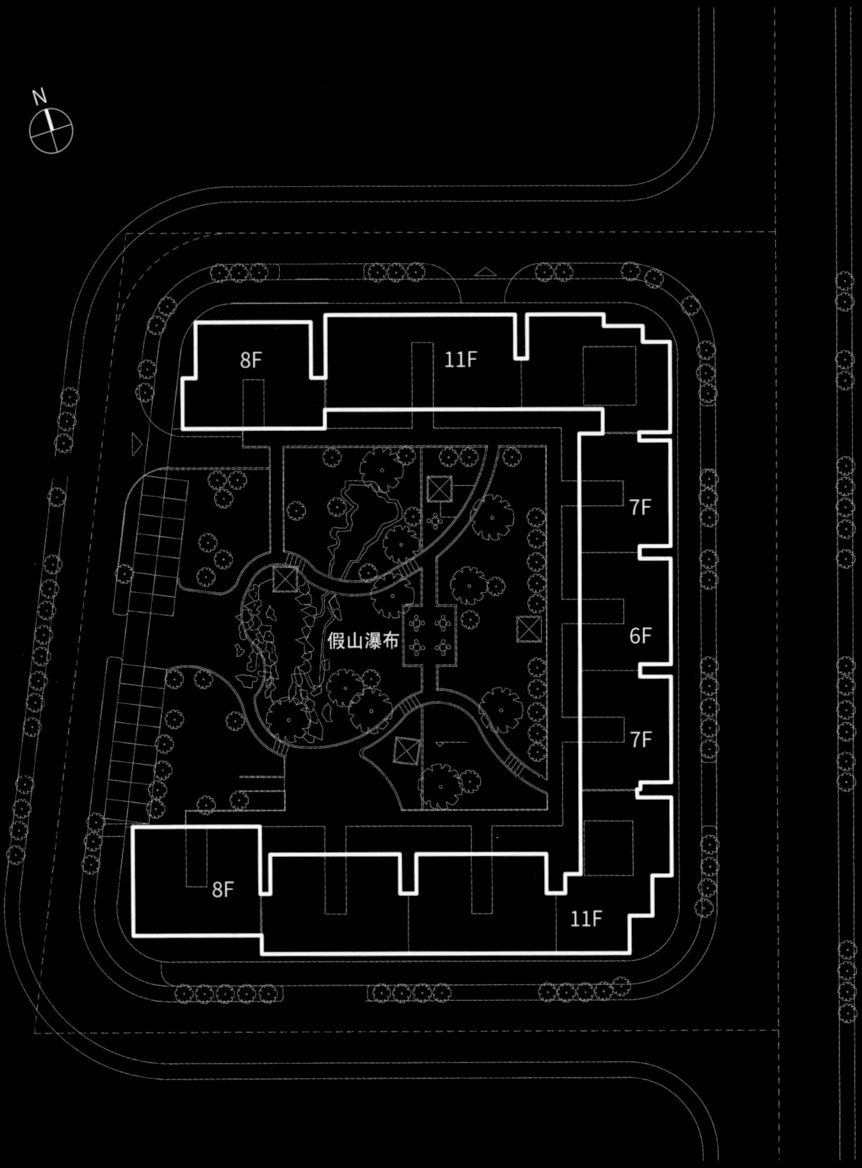
N
8F
11F
7F
6F
7F
8F
11F
假山瀑布

厦门·海韵园

2001年

建发房产中式缘起时，
就有着红栏黛瓦的唐风小韵。

占地面积：0.69万m^2
总建筑面积：2.3万m^2
容积率：3.08
竣工时间：2001年

“海韵园”坐落于老厦门的中心——鹭江道上，紧邻鼓浪屿的琴声海风，坐享中山路的繁华灯火，精粹厦门中心的配套资源。在现代城市背景中，考究的中式古典建筑和园林景观，于繁华中辟出一方宁静的生活乐土，人文雅致，舒缓都市人的内心压力。

厦门·海韵园中庭

厦门 · 海韵园中庭

新中式缘起

红栏黛瓦，层层叠叠，海韵园的色系与形体都有着浓郁唐朝风韵。楼盘早在20世纪90年代建成，是建发房产对中式风格的首次尝试，意义重大。

建发对中式的偏好喜爱，源起于中国人对中式情怀难舍的初心。但海韵园后，很长一段时间，建发暂时搁置了中式楼盘的深入打造，除了当时周边市场偏好欧式以外，另一原因，也是当时建发打造中式建筑的意识还很朦胧，还没有形成自己系统的中式建筑价值观。为何要做，怎么去做，都还未来得及深入思考。

正如人生没有白走的路，每一步都算数。建发通过这次尝试，初次品尝到中式的大美韵味。

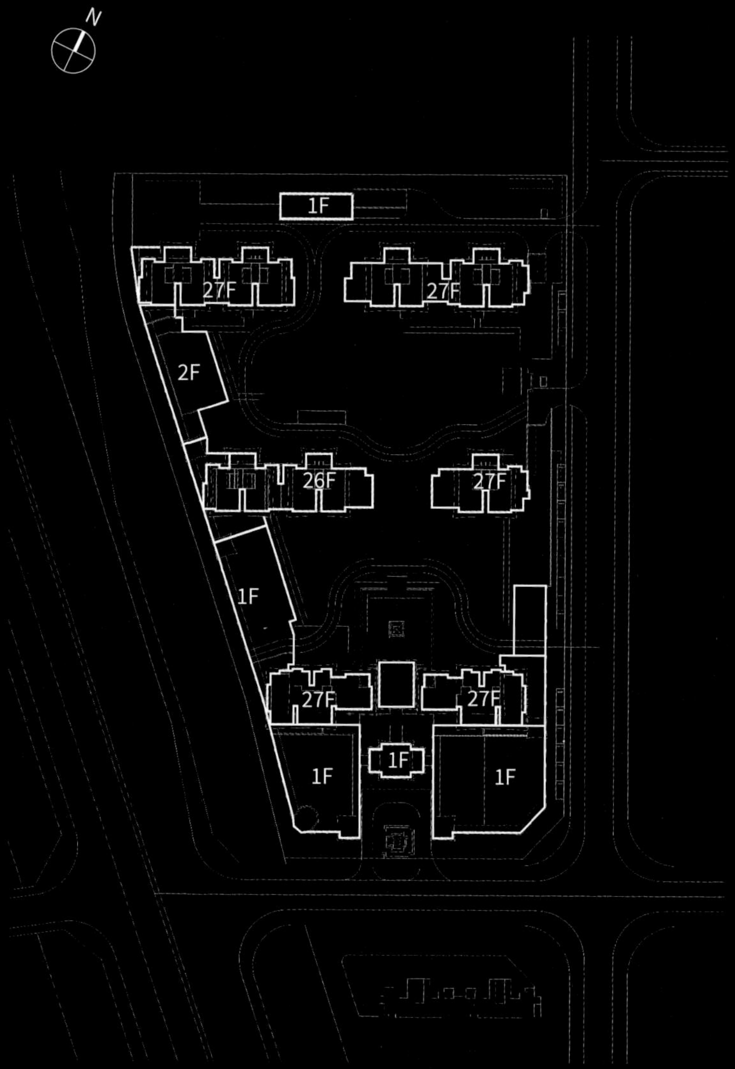
N
1F
27F
27F
2F
26F
27F
1F
27F
27F
1F
1F
1F

厦门·央玺

2015年

高层住宅适合做中式吗？

社区园林可以做传统中式吗？

答案在厦门央玺——建发中式产品的回归之作！

占地面积：2.4万m^2
总建筑面积：12.7万m^2
容积率：3.0
展示区竣工时间：2015年
精装交付时间：2017年

在寸土寸金的厦门岛心，以什么样的产品来致敬这座城市呢？央玺，是建发给出的最好答案。

择址厦门城市会客厅——五缘湾，项目总建筑面积约12.7万m^2，规划9栋约140~250m^2大宅。建发·央玺以教育、生活、社交、欢乐、时尚等五大模块，开设系统、新颖的社区会所体验服务，用心定制精英家庭生活，开启厦门智能服务居住时代。

厦门 · 央玺主入口大门

厦门 · 央玺高层仰视

意到形不到
色正质多变

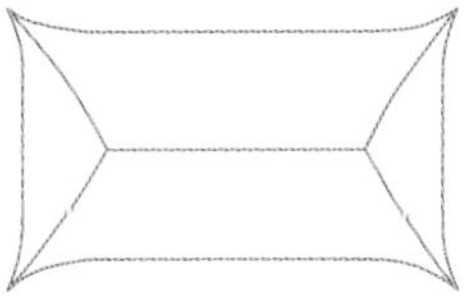

传统屋顶

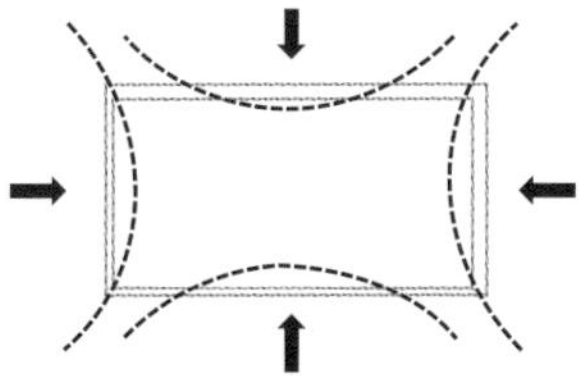

四边塑弧

单曲面屋顶

意到形不到

高层建筑的中式韵味，形体不必过于追求复古。厦门央玺的屋顶，平面呈长方形，四边内收，形成曲线弧度；抬头仰望，如翼伸展，有传统建筑扑朔欲飞之感。意到形不到，有传统建筑双曲起翘的意境，却不是全然相同的形体。

色正质多变

厦门央玺的用色，简约质朴，古韵犹存，气度非凡。混凝土框架、金属塑形、真石漆饰面，材质上全然是现代材质，色正质多变，用色上继承传统古韵，用材却是全然不同于古法的木头材质。

混凝土材料因较好的流动性和可塑性广泛应用于曲线建筑形体的塑造。厦门央玺中式高层住宅的屋面飞檐先用钢筋搭建骨架，再用混凝土现场浇筑塑形，最后用氟碳金属漆喷涂表面，在阳光下会有金属的细腻质感。以钢筋混凝土结构仿传统木构飞檐，可以避免铝板交接拼缝过大对立面观感影响，也能确保屋面的防水效果和结构安全。

中式大庭院

用传统中式的手法来做大型社区园林，可以借鉴的成功案例太少了。

营造院落，在高层社区营造一个又一个共享低层院落，庭院深深。“内天井”营造出核心庭院功能，风雨连廊，月洞门都可以切割空间，社区景观空间被切割成一环扣一环不同功能的庭院。我们大胆地堵，也大胆地放开，每个院落尺度适宜，不多不少，不大不小。

枯山叠水、浅池涌泉、三潭印月、石狮献瑞这些打动业主的社区景点只是表象，其内在核心是对中式园林空间道法自然、方寸之地见乾坤的深刻解读。

厦门·央玺单元入户门厅

厦门·央玺环廊

厦门 · 央玺底层风雨连廊

最美连廊

厦门 · 央玺核心庭院

所有形式都要服务于功能，所有创新始终尊重现代生活习惯。“入得门楼，超然世外”的风雨连廊除了体现尊贵之外，更体现了对人的关怀。透过廊道，望向核心水景，折桥蜿蜒曲折，三潭印月若隐若现，如梦如幻。

厦门 · 央玺中心水景

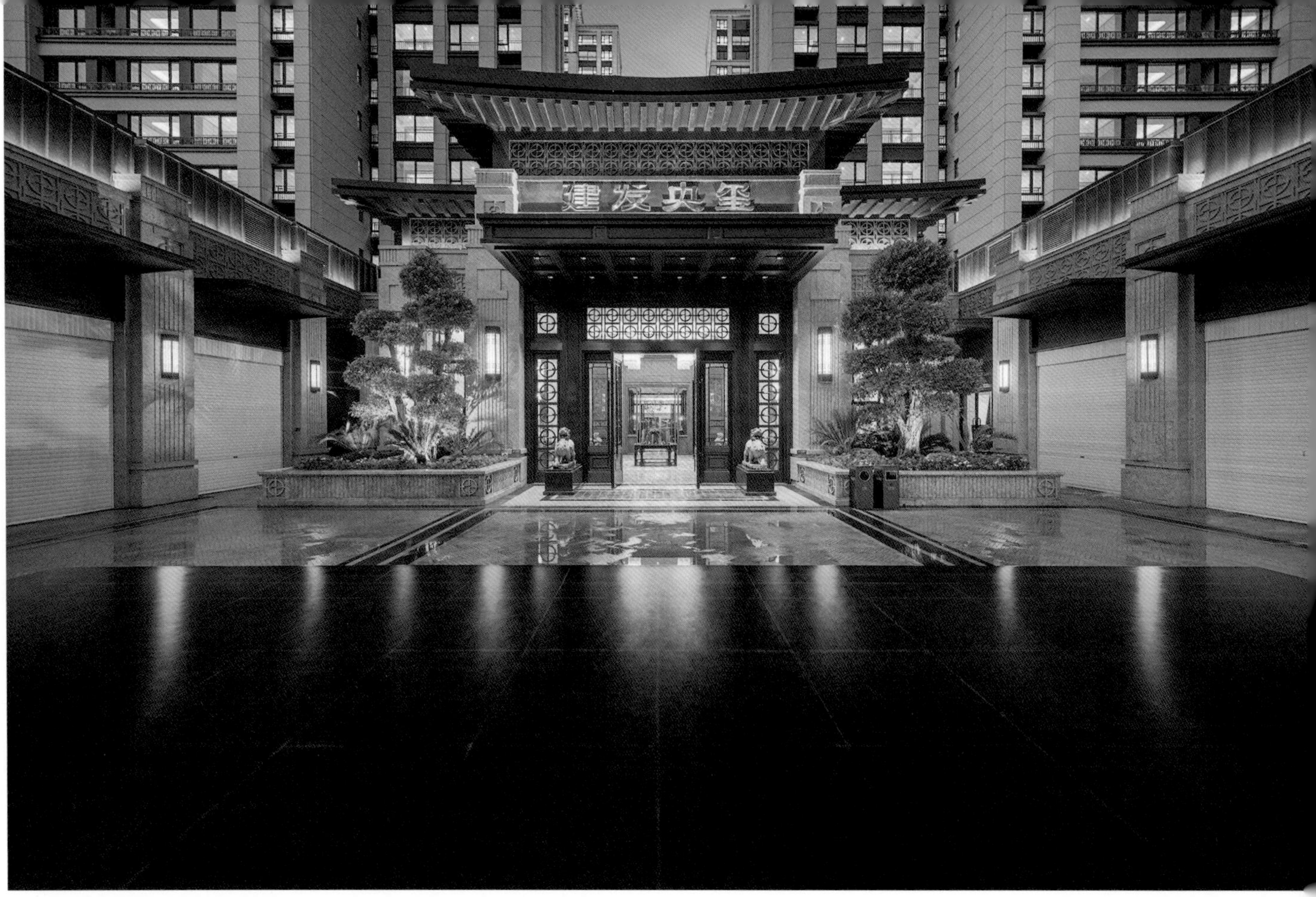

厦门 · 央玺主入口

厦门 · 央玺下沉会所庭院

厦门 · 央玺休闲室

厦门 · 央玺休闲室

N
17F
18F
18F
17F
17F
4F
3F
4F
4F
1F
3F
3F
3F
3F
3F
3F
18F
4F
3F
14F
4F
4F
4F
4F
4F

苏州·独墅湾

2016年

建发房产『儒门道园』中式理念开山之作，
『一山一亭一水』的经典框景，
对后续的建发中式产品产生了深远的影响。

占地面积：22万m^2
总建筑面积：49.3万m^2
容积率：1.50
展示区竣工时间：2016年

苏州 · 独墅湾社区主大门

建发·独墅湾在位于独墅湖畔、独墅湖生态公园旁的稀缺住宅用地上，为苏州致敬献上“独墅湖·生态园·院墅湾”。在约1.5低密墅境中，以三园七巷、诸子书院集萃东方造园手法，打造院落独栋、叠加别墅、瞰景高层三种产品形态。

三进门仪

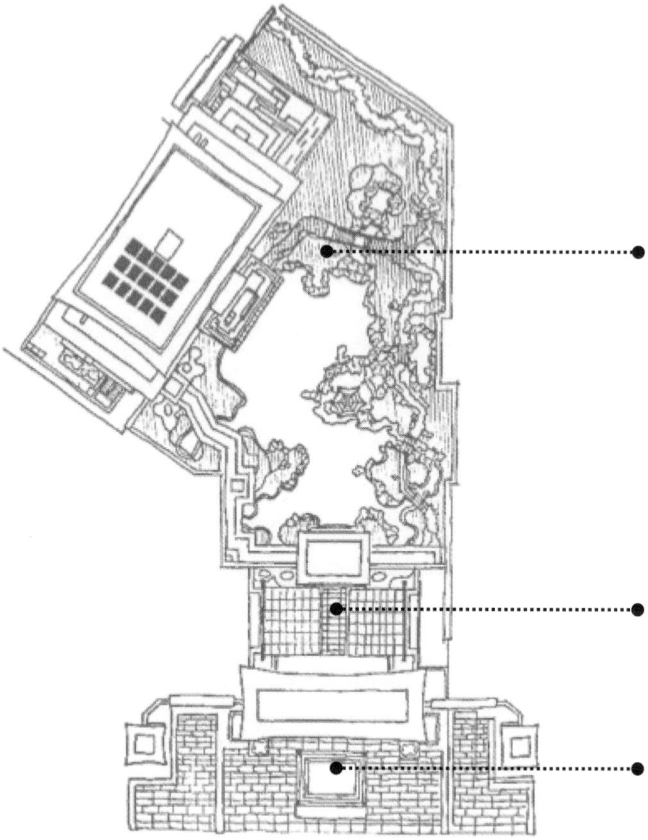

在“独墅湾”项目中，建发首次尝试“三进礼仪”，带动市场风潮，“儒门道园”的建发独有匠造理念体制初见端倪。

门带来了进的概念，而每一进都在传递不同的信息。苏州独墅湾以三进门院营造归家礼序。一进恢宏，致敬城市；二进雅致，致敬来宾；三进富丽，致敬业主。行进之间，便是在体验儒礼的秩序和儒学以人为本的要旨。

◀ 一进，致敬城市

◀ 二进，致敬宾客

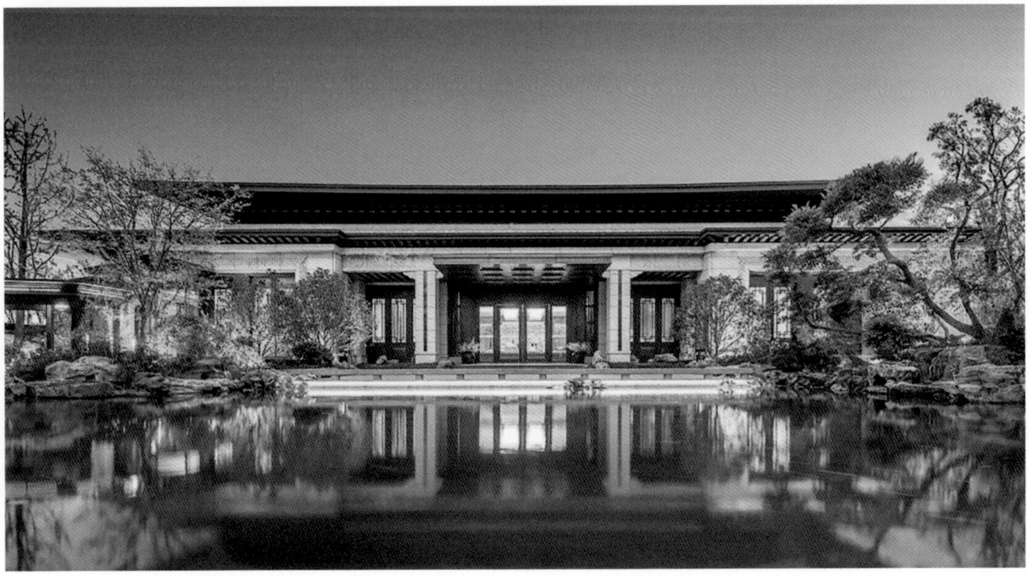

◀ 三进，致敬业主

苏州 · 独墅湾三进会所院落

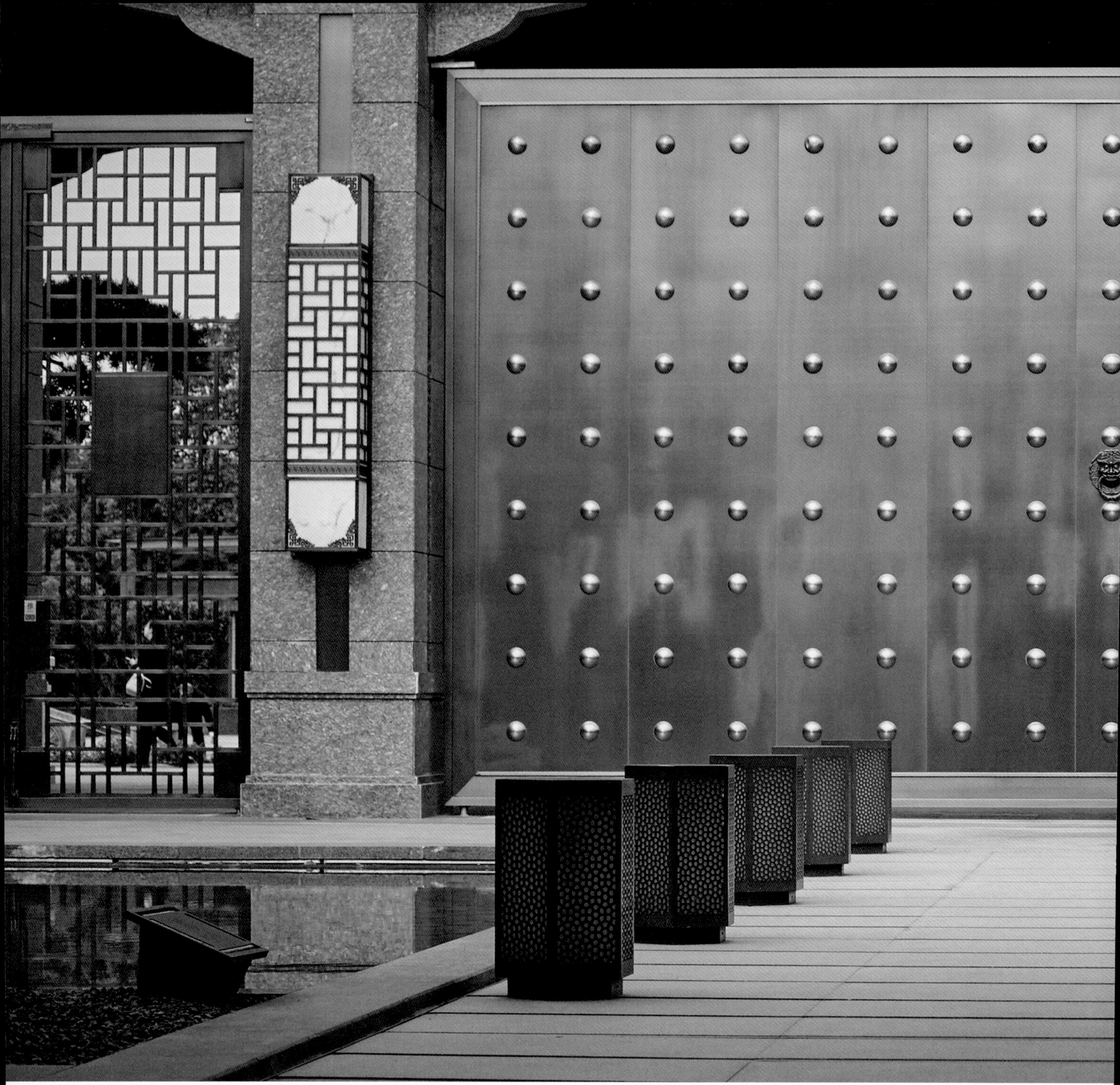

礼仪大门

苏州 · 独墅湾社区九钉人门

苏州建发独墅湾大门规格对等故宫，门钉纵九横九共八十一枚，是为皇家之极。此规格大门日常常闭，日常出入以侧门为主。如至婚娶之日，则可全开门洞，鞭炮齐鸣，以大轿从正门迎娶新娘，礼正周全，从此琴瑟和鸣，百年好合。

建发式经典框景

苏州 · 独墅湾二进院月洞门框景

框景是指将景置于“镜框”中来欣赏：用门、洞、窗或树枝作为框，有选择地把另一空间的景观框起来，恰似一幅嵌于镜框中的立体画；而确定画面位置角度的框又比景观本身更重要，因此一直有“三分画，七分框”的说法。

苏州·独墅湾的二进月洞门框景是建发第一代经典框景，“一山一亭一水”入画的经典框景更是对后续的中式产品产生了深远的影响。

苏州·独墅湾三进会所秋景

造园

倘若说建发的门隐喻的是为人的守则，那园便是在表达处世的态度。建发的园林设计大都师法自然，追求“虽由人作，宛自天开”的意境：叠山理水，瓦石铺径，临高设亭，逢水搭桥，四时变换，步移景易，于有限的空间里创造出无限的景致。这些美妙的图景是窗外的景，更是回家的路。

英德石的水面驳岸斗折蛇形，犬牙交错，静水留影，动水留声，亭石水多维度立体构景已成为建发特色。

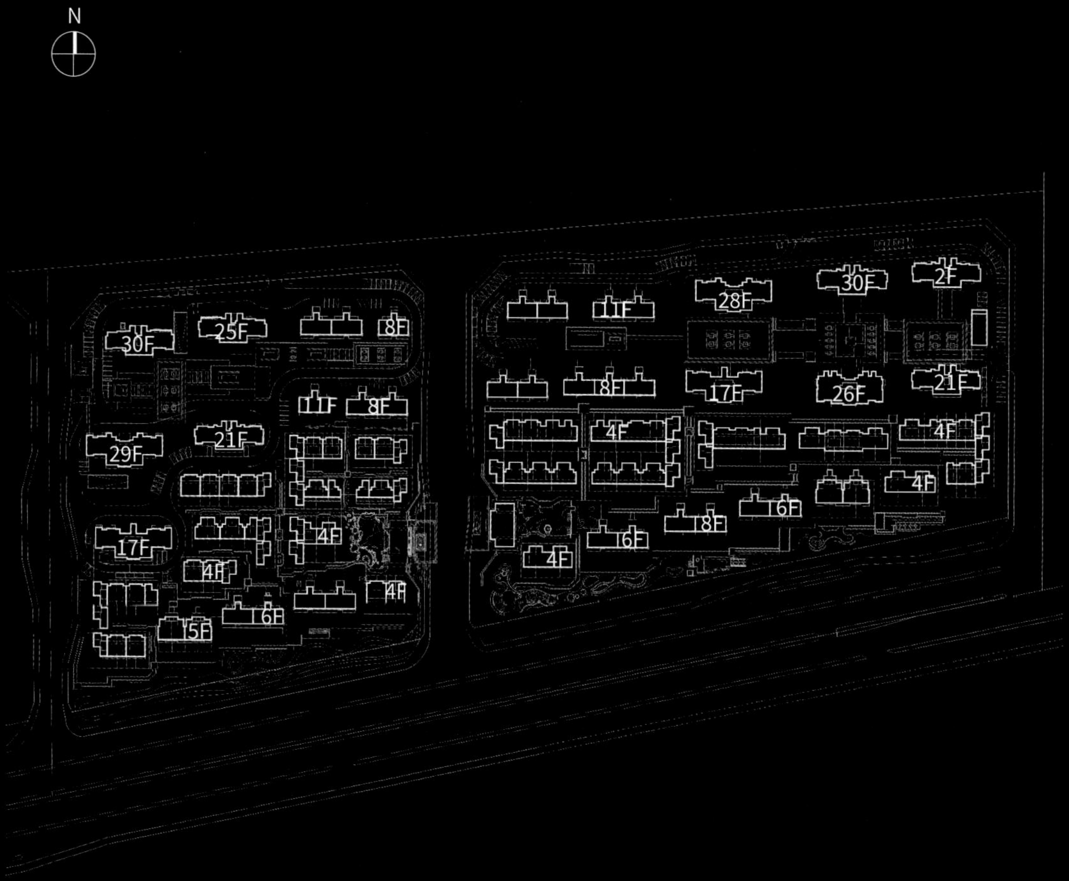
N
30F
25F
8F
11F
8F
29F
21F
17F
4F
4F
4F
6F
5F
11F
28F
30F
2F
8F
17F
26F
21F
4F
4F
4F
6F
8F
6F
4F

合肥·雍龙府

2017年

建发第二代中式产品的代表作，
以现代材料、工艺，追求唐风华纹的极致表达。
首个实景展示的四水归堂，『洒金流银』完美重现。

占地面积：8.45万m^2
总建筑面积：21.9万m^2
容积率：2.6
展示区竣工时间：2017年

合肥 · 雍龙府大门全景

建发·雍龙府是建发房产首献庐州的精品力作。项目西临政务区，位于习友路与金寨路交口向东2200m处。十五里河公园萦绕周边，成熟政务触手可及。规划别墅、洋房与高层的低密度住区，营造完美新中式生活流线，勾勒错落有致的天际轮廓。建发·雍龙府秉承“打造钻石人生”的理念，礼献智慧生活，于城市繁华所向，成就一派王府之仪。

合肥 · 雍龙府社区大门对望

建发的大门整体延续了盛唐建筑豪迈大气的风格特征。为了再现中华盛世最恢宏的气度和最典雅的风仪,我们创新设计了挑起的屋檐、飞起的翼角、淳朴的色彩,这都是盛唐风仪原汁原味的再现。

双曲飞檐

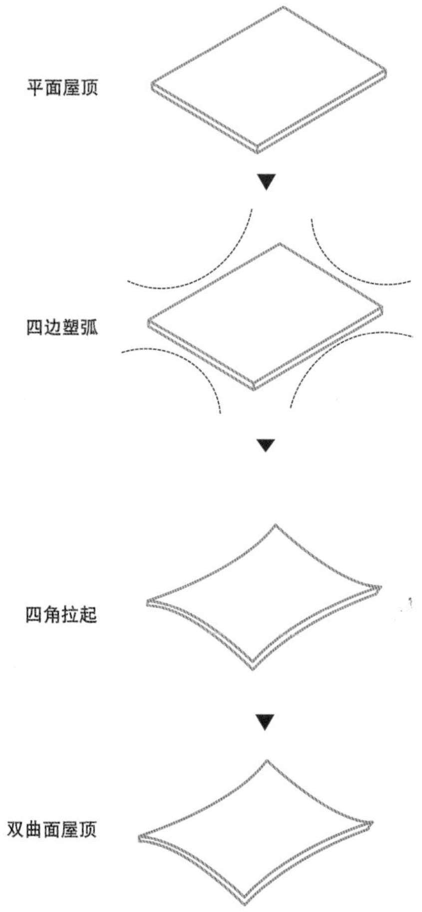

合肥·雍龙府以现代材料、工艺，追求传统建筑立面的极致表达，是建发第二代中式产品的代表。大门源于故宫乾清宫，重檐庑殿屋顶，依唐风而略作伸展；八字撇山照壁，书诗赋以承袭风雅；屋面双曲，雕龙画凤；四水归堂，洒金流银；王府双门，皇家威仪。从三国故里到名臣故居，庐州千年文脉在此延续，以“雍”之名，荣耀归府。

合肥 · 雍龙府大门

合肥 · 雍龙府纯铜门把手

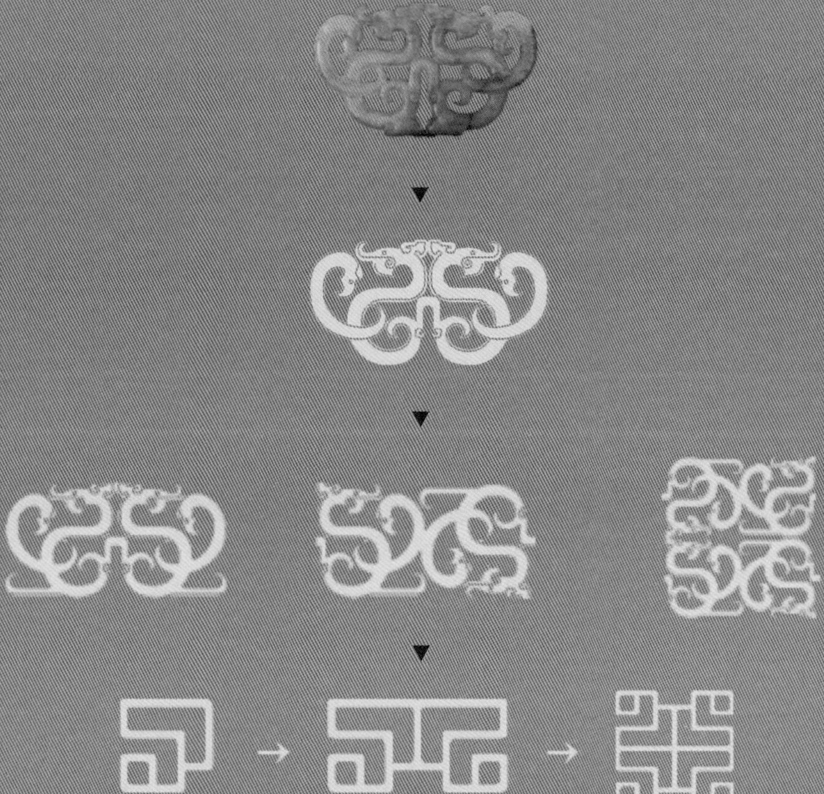

中山靖王双龙雕玉佩原型

纹理拓印

具象重组

抽象变异

▲ 由故宫孟德仁大师亲手设计锻造当代的铺首衔环

图必有意 量身定制

“黄金铺首画钩陈，羽葆亭童拂交戟”。一座，一环，衔之轻叩，主迎宾人。合肥·雍龙府以纯铜为材，提炼汉中山靖王双龙雕玉佩的龙纹造型，由故宫孟德仁大师亲手设计锻造当代的铺首衔环。旋转、对称、抽象、组合，每一寸锻錾的肌理，有沧桑岁月，更有时代的新风。

首创四水归堂

四水归堂的理念来自于江南的天井院。四水就是从四片屋檐流下的雨水和雪水，归堂就是水汇聚到院心。从风水上说，水为财，财气汇聚一堂所以叫作四水归堂。这个“四水归堂”，打造的是一个向心聚拢的家的空间氛围，周围的房间都围绕着这个天井，取的是团聚团圆的意思。晴天的时候阳光从天井倾泻下来，叫作“洒金”；雨天的时候雨水从屋檐滴答落下，叫作“流银”。所以四水归堂也有藏蓄财富的意思，钱都装进了院心的那口缸，缸里的铜钱草或荷叶就是金钱的象征了。这也是建发房产首个实景展示的四水归堂，完美重现了“洒金流银”，意境纯粹，韵味醇厚。

合肥 · 雍龙府四水归堂雨景

合肥 · 雍龙府四水归堂雪景

合肥 · 雍龙府庭院雪景

合肥 · 雍龙府庭院雪景

合肥 · 雍龙府拱桥倒影

合肥 · 雍龙府拱桥倒影

传统古朴的砖雕，与现代细腻的中式空间形成强烈对比，又不失协调。

合肥 · 雍龙府休闲室

合肥 · 雍龙府会所吧台

其智足以經世其德足以服物平生欣慕為師為好學者書之忘其交之王推我似見其繼縞者吾夸楊明邨和經術能詩善屬文吏幹於家身清廉不議言以奉于上智亦不以隔慢以詖於下遠乎吾柴者已歡者以蕭以之事諱世道極頹意心如礪柱夫世道變裏若水上之浮漚既不可以為程之師以奉年且非禁極砥傳并浮兩師則磯程之支產可為人信之依今念之師表支不漚既不可以為若水上之浮漚傳并浮兩師且非禁極砥程之師以奉年則磯程之支產念之師表支不可為人信之依上智之不喜悅程之節以喜悅下愚之不喪慚此尚汝節水矣明邨正安能病下愚之不喪慚

合肥 · 雍龙府立面山水图

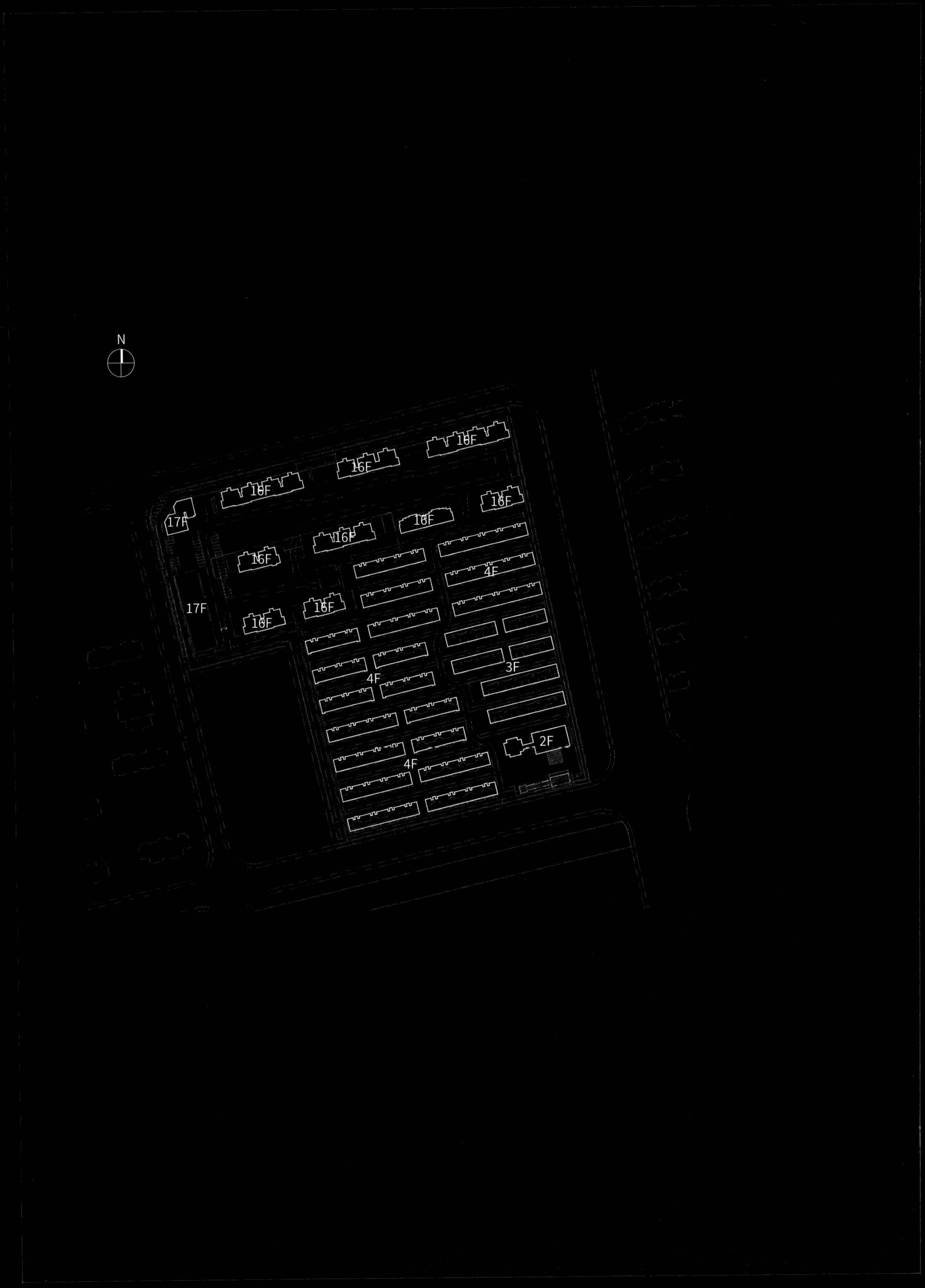
N
16F
16F
16F
17F
16F
16F
16F
16F
4F
17F
16F
16F
4F
3F
2F
4F

上海·央玺

2017年

解读海派文化，萃取传统风骨！

16888 块琉璃砖历经 47 道工序，再现米友仁《潇湘奇观图》壮阔之景，

都市风新中式的经典之作。

占地面积：7.02万m^2
总建筑面积：19.5万m^2
容积率：1.8
展示区竣工时间：2017年

上海 · 央玺入口大门

上海 · 央玺恪守中式文化之精髓，传承海派风情之特点，精心匠造东方美学建筑经典。项目坐落于宝山区顾村板块，黄金中轴南北高架旁，共享大宁都市圈繁华，坐拥第二大天然河道蕰藻浜生态。以低容积率标准打造，超大栋间距开阔视野，保证私密性和安全性，宁静安逸、绿意盎然，更符合现代中式生活哲学的人居格局。

上海 · 央玺会所连廊

上海 · 央玺镂空金属铜狮

狮，汉代自丝绸之路传入中国，避邪镇宅，奉为瑞兽。元代夏言《狮》云："金眸玉爪目悬星，群兽闻知尽骇惊。怒慑熊罴威凛凛，雄驱虎豹气英英。"上海央玺取篆书之形，以铜压印，融铸镇宅雄狮，姿态威仪，精致文雅。

云纹，古代中国吉祥图案，广泛应用于古代建筑、雕刻、服饰、器具及各种工艺品上。诸子百家认为"元气"是天地万物的本源，云就是气，气就是云；"云"与"运"谐音，含有气运，命运之意；"云"是福瑞的象征。上海央玺的金属格栅上，也满眼可见抽象的"云纹"，祥云所至，必有好事。

为了萃取中式建筑的盛世风仪，建发设计团队一直在寻找将传统工艺和现代建筑结合的契机。上海央玺选用古法琉璃工艺重现《潇湘奇观图》，但有“西施泪”之称古法琉璃工艺十分复杂。如何去再现极难的传统古法琉璃工艺？它与现代建筑的气质是否匹配？又能够以怎样的形式呈现于世？这些问题，对于没有任何经验可以借鉴的我们而言，是巨大的挑战。

古法琉璃的制作要经过几十道工序，以手工制作为主，每个环节的把握难度都很大，十分费时。尤其是火候控制，可以说是一半靠技艺一半凭运气，最终出炉时的成品率也只有30%。古法琉璃和金银制品不同，它不能回炉重炼，一旦出现一点瑕疵，所有努力便付诸东流。《潇湘奇观图》需要上万块琉璃砖，色彩控制，砖块拼接都不能有一丝疏漏。

面对如此苛刻的工艺要求，建发设计团队坚守匠心，迎难而上。我们一块一块地检查成品质量，确保砖体色彩的渐变与原画用色基本一致；垒叠时保证所有琉璃砖背面齐平，将扁铁埋入每块砖的背部凹槽横向连接；砖块交叠处用专用胶粘剂固定。历经一个月的反复尝试，我们以47道工序，烧制成型16888块，铺满150m^{2}的建筑立面，北宋米友仁《潇湘奇观图》的壮阔之景再次惊艳现世。

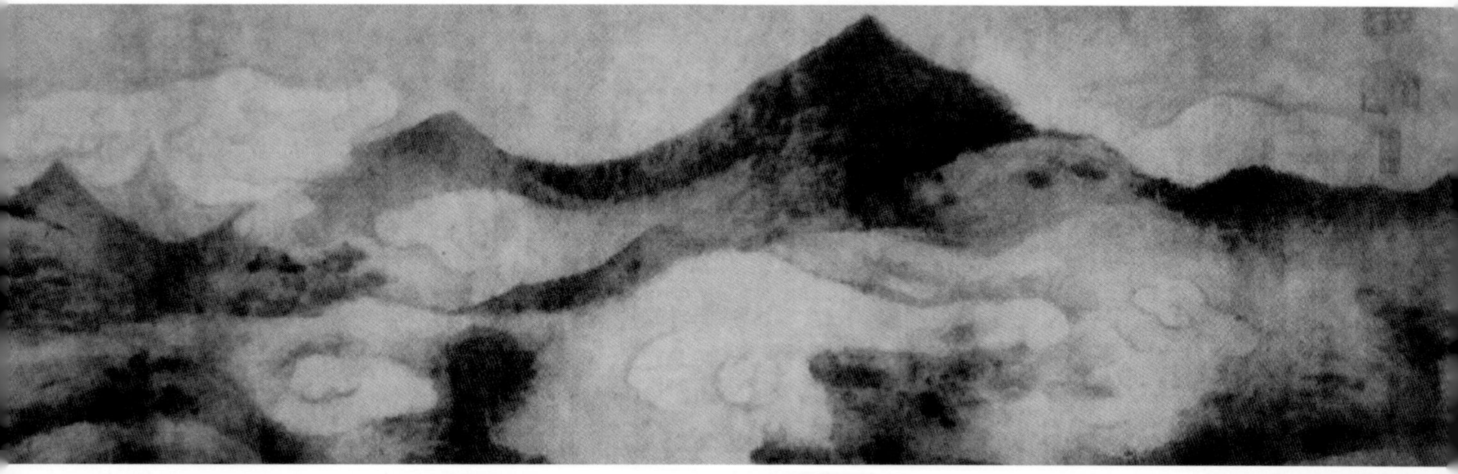

▲ 米友仁《潇湘奇观图》

▲ 锻造玻璃砖过程

琉璃砖

上海 · 央玺二进入口迎宾墙面

上海 · 央玺三进入口迎宾墙面

上海 · 央玺下沉会所庭院

上海 · 央玺下沉庭院局部

N
2F
4F
2F
2F
2F
2F
2F
2F
2F
8F
2F
2F
2F
2F
1F
2F
1F
3F
2F
1F
6F
6F
6F
7F

长泰·山外山

2017年

立项之初，就注定它的不平凡，

是建发房产把自然园林发挥得淋漓尽致的一个项目。

占地面积：21.71万m^2
总建筑面积：55万m^2
容积率：1.25（多地块综合）
展示区竣工时间：2017年

长泰 · 山外山一进入口大门及广场

建发房产潜心执笔，以家之名，勾勒1080亩广袤山林，择址山水丰饶的长泰旅游度假区，承袭传统文化精髓，打造的度假作品。项目规划有精装新中式别院、精装揽山平层，更整合“住、游、学、养”四大前瞻理念，匠心营造四大主题公园和三大休闲中心，囊括人文、生态、运动、科普教育、康养等全领域，呈现全方位、多维度的全家庭亲密梦想地。项目含80−190m^2精装抚风小墅，85−135m^2精装揽山平层产品。

硬核产品

长泰·山外山二进室内框景

项目作为建发房产第一个中式度假型产品,从立项之初就被寄予厚望,但项目周边的竞品楼盘很多,竞争压力极大,如何突围?一定是需要过硬的产品!

长泰 · 山外山三进售楼处观景平台

“长泰山外山”围绕着周边丰富的山景资源，特意设计了三回“看山”场景：第一回在售楼处，第二回在中式园林内，第三回在住宅内。三处预留充足空间，三次回头看山，呼应“山外山”的主题。

寄情山水，充满诗意。展示区进门之初是经典的三进门院礼序引导，中式园林部分则以苏州留园为范本，整个空间布局采取“一卷一轴三园”的设计手法，内庭外院，诠释东方递进美学。

长泰·山外山三进售楼处入口回望山景

望山

水纹

长泰 · 山外山售楼处

古人视水为万物之源，水具有十分崇高的地位：儒家以水比德，释家以水观佛，道家以水喻道。人们常说上善若水，意思是做人的最高境界，就像水的品性一样，泽被万物而不争名利。

风水之中，风是元气和能量，水是流动和变化，二者缺一不可。在风水学说里，有“山管人丁水主财”的说法，有水的地方才有生气，才能聚财，所以水对人是有利的， 所谓“一方水土”养一方人。长泰山外山项目是有各种各样的水纹的，有的在地面上，有的在墙面上，有的在屋顶上，可以说是润物细无声，而且没有一种重复的样式，这就是建发的匠心体现。

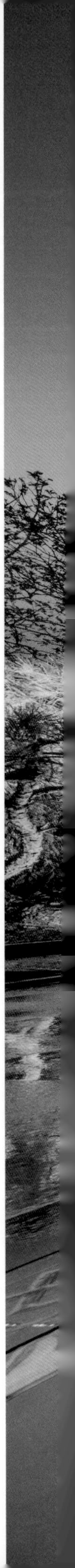

长泰·山外山三进售楼处入口水纹铺地

专属定制

定制滴水瓦当

定制“山”形格栅

瓦当起源西周，又称瓦头，是中国传统建筑中覆盖檐头筒瓦前端的建筑构件，起着保护木制椽头免受侵蚀、延长建筑使用寿命、美化建筑屋面轮廓的作用。长泰山外山创新专利，定制半圆形滴水瓦当，覆于檐口，以古为新，寓意吉祥；“一春梦雨常飘瓦，尽日灵风不满旗。”雨打屋檐，瓦当叮咚。

项目专门设计了金属山字纹，环环相扣，承袭文脉，回应山水。

长泰 · 山外山实体样板房

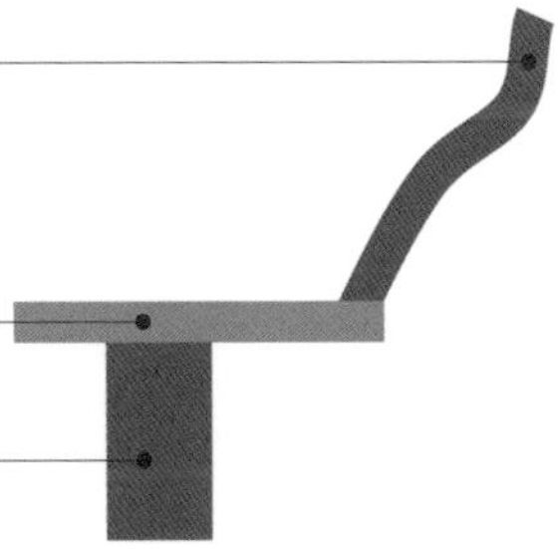

美人靠

相传，美人靠最早是春秋时吴王夫差专为西施所设，供休憩之用，所以又称“吴王靠”。虽说今天已不可考，但美人靠因其曲水流觞般曼妙的曲线和十分舒适的靠坐体验，逐渐流传开来。从结构上看，美人下设条凳，凳下只有一只脚，凳上连靠栏，向外探出的曲线形靠背如鹅颈一般，符合人体工学，十分舒适。

长泰山外山定制美人靠，联动内外，凭栏之间，怡然自得，清风拂面之时，品味粼粼的天光云影，别有一番趣味。人人都可以靠在美人靠上聊天休憩、观花赏景、展示手艺、戏曲演唱，仿佛一处世俗生活的秀场。

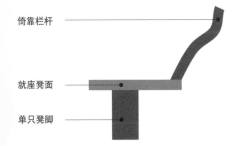

瓷画

长泰 · 山外山展示区二进连廊

以温暖居所为主题的长泰山外山十分注重中华传统美德的传承。二进水院连廊的装饰选择了二十四孝图屏风隔扇。每个扇面都有两块上下对扣扇形瓷片，上片是二十四孝故事图画，下片是二十四孝故事文字。

先由专人对古画临摹，再经瓷工手绘青花彩釉，精心烧制。每块扇形瓷盘的各边长度不同，在烧制过程中，会发生程度不一的热胀冷缩，导致盘面变形甚至扭曲。建发匠造团队经过近十次打样试验，决定每边预留1–3毫米不等的宽度，确保每块瓷盘在制成之后，热胀冷缩的变化基本一致；并用统一规格的不锈钢条收边，保证所有扇面边缘收口整齐。

最终，烧制160多块扇形瓷片，成品48块，成品率不足30%，诚意致敬中华文脉。

长泰 · 山外山别墅实体样板房

长泰 · 山外山别墅实体样板房

院式

长泰 · 山外山样板房

山外山的住宅把院子做到了极致，住宅产品采用L型合院式布局，分散的院子整合为一个整体，调整每个房间与院子的角度，避免相互对视；并保证每户的每一个房间都朝向院子，将自然引入室内，实现对院子的极致利用。

长泰 · 山外山售楼处庭院夜景

夜景

出于对古时夜晚灯火胜景的向往，建发匠造团队对景观灯光效果的追求不遗余力。长泰山外山的灯光处理优先保证建筑主体突出，用带状光源勾勒出建筑轮廓，辅以点状光源照亮细部，提升细腻感，同时控制外场光源亮度，不喧宾夺主。

为了方便灯具的铺设，呈现层次丰富的夜景灯光，原先的自然池底改为人工池底，用LED防水灯带在水下勾勒出蜿蜒小河。通过近两周的调试，整体灯光效果趋于完美，既有古典韵味，又不失现代美感。

长泰·山外山三进入口门厅

长泰 · 山外山三进售楼处内景

长泰 · 山外山三进影音室

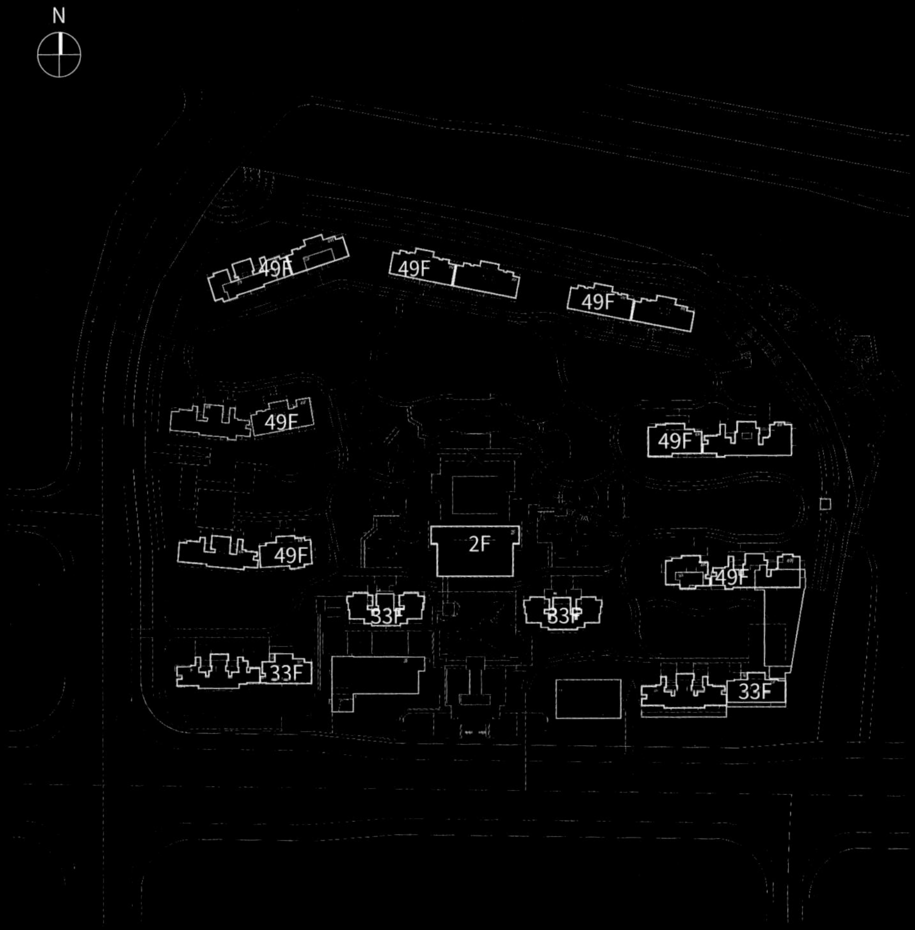
N
49F
49F
49F
49F
49F
49F
2F
49F
33F
33F
33F
33F

长沙·央著

2017年

『儒门道园、唐风华纹』得到最完整体现的经典案例。

占地面积：8.05万m^2
总建筑面积：39.3万m^2
容积率：3.90
展示区竣工时间：2017年

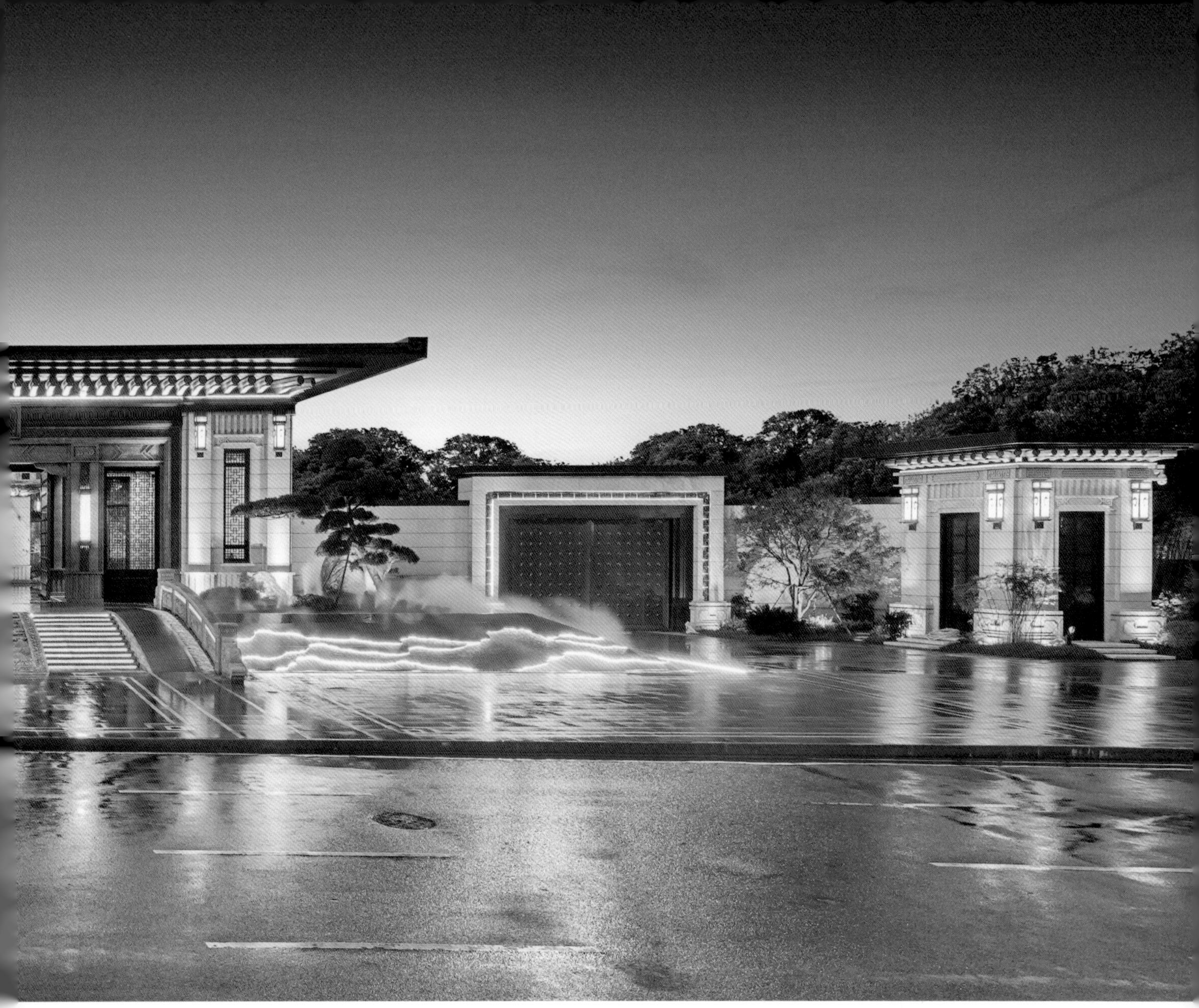

长沙 · 央著入口大门

建发 · 央著是建发房产6年深耕湖湘的扛鼎之作。坐落于梅溪湖核心地段，紧邻地铁2号线“梅溪湖西站”地铁口。建发 · 央著沿袭中式经典品位，并以国际眼界，将传统精粹、湖湘文化与当代居住理念融合，打造独具风格的新中式产品。项目整体采用中轴对称式布局，遵循“儒门、道园、唐风、华纹”的匠造理念，打造湖湘首个三进院落的高端住区；并由状元之路贯穿始终，再现门第尊崇。

书院文脉

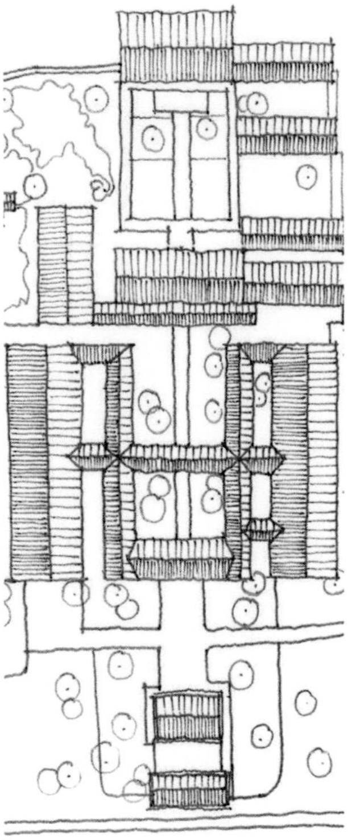

长沙岳麓书院总平面图

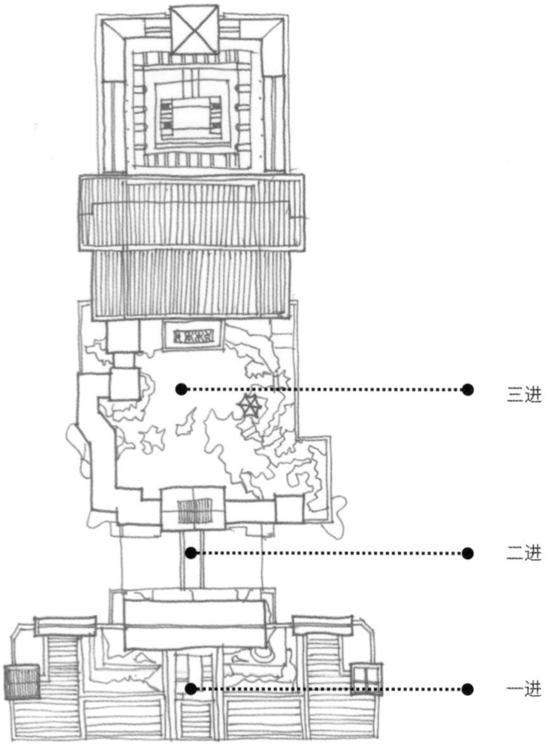

长沙 · 央著展示区总平面图

长沙 · 央著展示区参照中国四大书院之一——长沙岳麓书院，规划了一条状元之路，创新设计文曲桥、鹿鸣阁、进元阁、鸿儒桥、魁星亭、金林榭和知之书院，以无定式承袭古法，诠释建发匠造理念，再现传统书院胜景。四水归堂选取江南天井的形制，纳尽四方水源，寓意水聚天心。60m宽屋宇式五间三启门鸿篇巨制：唐风阙楼、清式御桥、九钉大门，唯皇族专属，礼遇千年湖湘文化。

一进大门

二进大门

三进大门

建發央著

金水桥

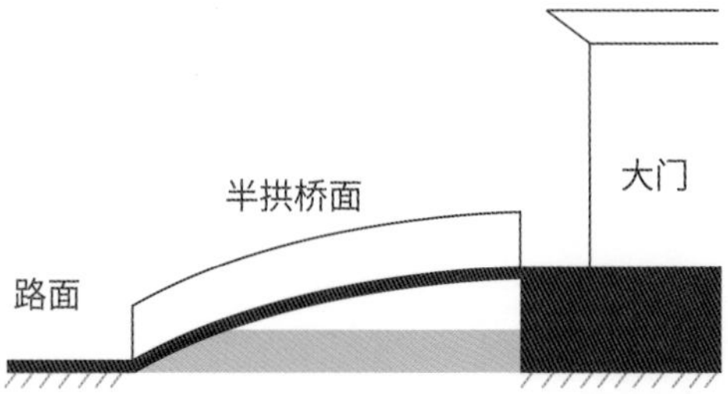

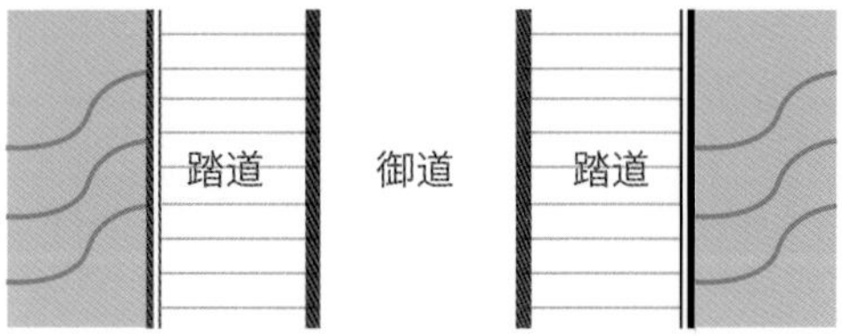

中国古代，欲进城郭，常常过河，这是古老的归家场景。长沙央著状元桥灵感源自故宫金水桥，但只上不下，取步步高升之意，呈现完整大门。保留中道“御路桥”，以巧工雕凿鹤纹，振翅欲飞，栩栩如生。若家门有喜，则广邀宾朋，取“御”道而穿正门，礼至尊崇。

长沙 · 央著入口金水桥

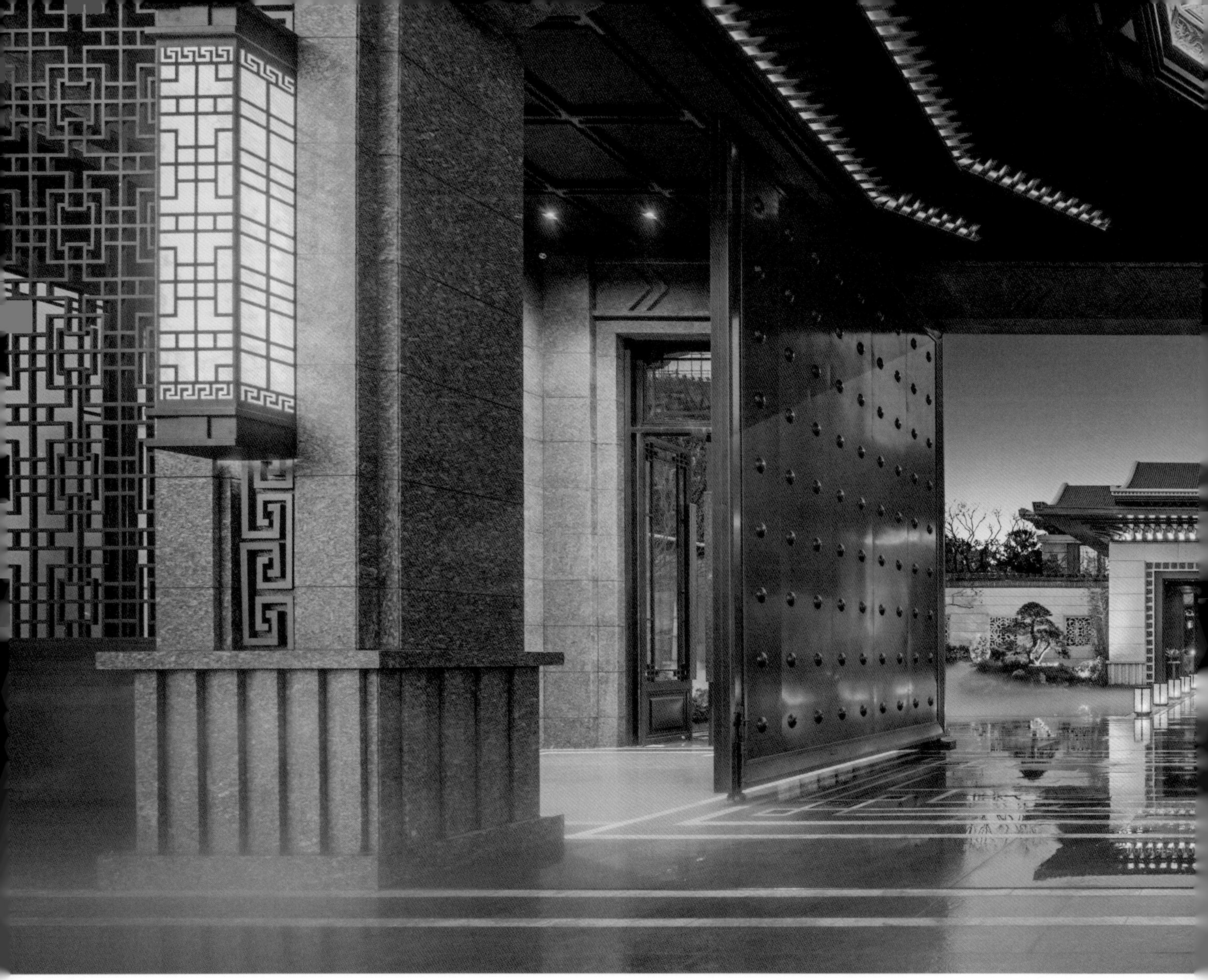

藻井

长沙 · 央著一进大门

在古代，几乎所有的建筑都是木质建筑。人们因为害怕着火，就在屋顶上画了许多类似水藻的纹饰，寓意“此处有水，不会着火”。这是古人的五行相生相克思想在建筑文化中的一种体现，表达着人们对美好生活的向往。

长沙 · 央著藻井前后共经历20余轮方案设计，最终顶心装饰参考故宫太和殿藻井，为正八边形“麒麟吐玉书”；并通过定制东阳木雕，来保留原木的天然纹理色泽；顶心周围构件用铝板和不锈钢材料打造，造型简洁有力。

四水归堂

长沙 · 央著地下四水归堂

设计之初，场地面宽过大，无传统空间的聚合之气。通过扩大檐口出挑、缩小内部空间、加大廊道楼榭尺度，极大提升了围合感。堂中植一株60年朴树，点缀几盆矮松；四座飞鱼桥横越水面，串联四侧廊道，互动感很好。芙蓉古镇老街的石板铺就地面，表面凹凸，预留缝隙，以供苔草生长，古朴之境，一气呵成，韵味无穷。

太湖石

长沙 · 央著三进园林

"北宋四大家之一"的米芾（另外三家为蔡襄、苏轼、黄庭坚）的太湖石鉴赏四字原则：瘦皱漏透。"瘦"，是指石形的婀娜多姿、坚劲挺拔；"皱"，是指石肌表面的纹理变化有致，有曲线、有皴纹；"漏"，是指石体有洞穴、有坑道，表面凹凸起伏；"透"，是指石空灵剔透、玲珑可人，强调避免沉闷压抑，以能显出背景和有透视效果为上。

做旧的石刻

古色古香的案台

四角蝙蝠与如意富贵纹

精致的内饰

长沙 · 央著室内游泳池

长沙 · 央著地下会所

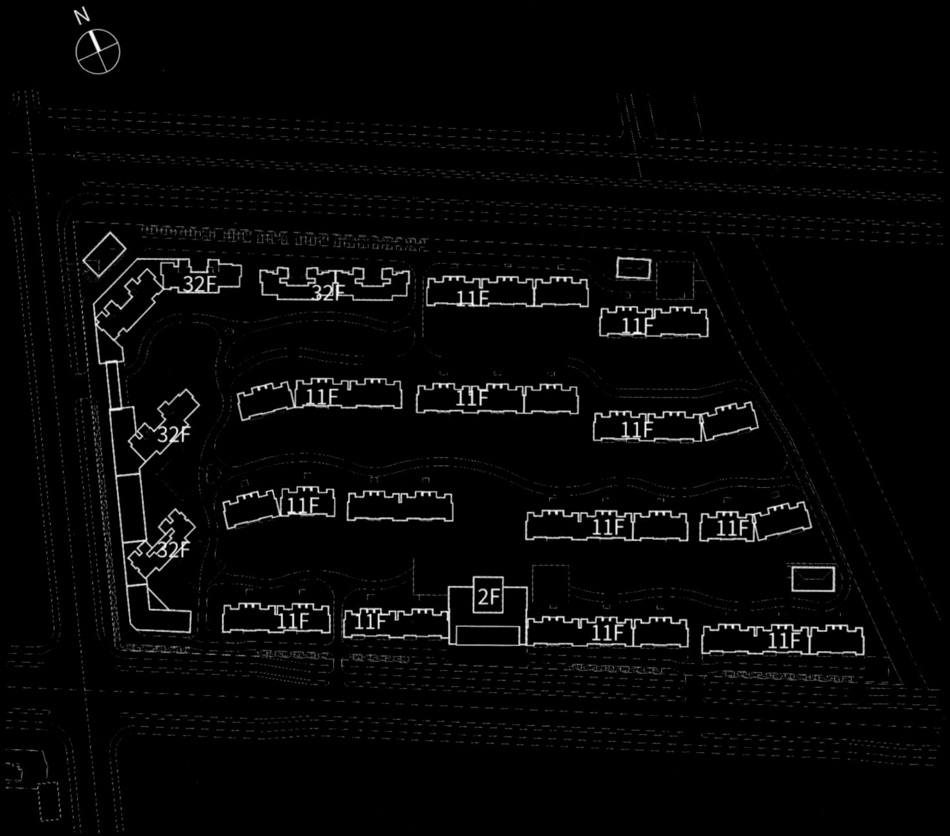
N
32F
32F
11F
11F
11F
11F
11F
32F
11F
11F
32F
11F
11F
2F
11F
11F
11F
11F

苏州·泱誉

2017年

入口大门被借鉴和改进次数最多的明星项目。

占地面积：7.21万m^2
总建筑面积：18万m^2
容积率：2.5
展示区竣工时间：2017年

苏州 · 泱誉入口大门

项目位于苏州高铁新城苏大实验学校正对面，总建筑面积约18万m^2，容积率约2.5。由4栋精装高层及13栋精装退台式洋房，共同组成围合式院落。“一环一轴两院两区”的四合院式社区规制，打造出具有浓郁传统人文情怀和文化底蕴的生活空间，再现了中国传统文化血脉中的家族情怀。

原型

苏州·泱誉是建发房产内部被借鉴次数最多的明星项目，三明玺院、南京央誉、太仓泱誉、南宁玺院等项目均脱胎于此，但又根据各自的地域属性有所发展，呈现出具有各自特质的观感。

苏州·泱誉是原创项目，细节把控到位，在规划时遵循节地原则，通过售楼处把展示区分为前场、中庭、后场，用简洁的方式处理出较丰富的空间层次。展示区面积适宜，功能空间聚合，后场动线长度适宜，整体落地效果好，是不可多得的中式臻品。

三明玺院
基本遵循原制性质

南京央誉
修改为内院式建筑

太仓泱誉
修改景壁关系

南宁玺院
增加景墙，强调前场空间

鳥鷺喧

苏州 · 泱誉休息室

彩雲編

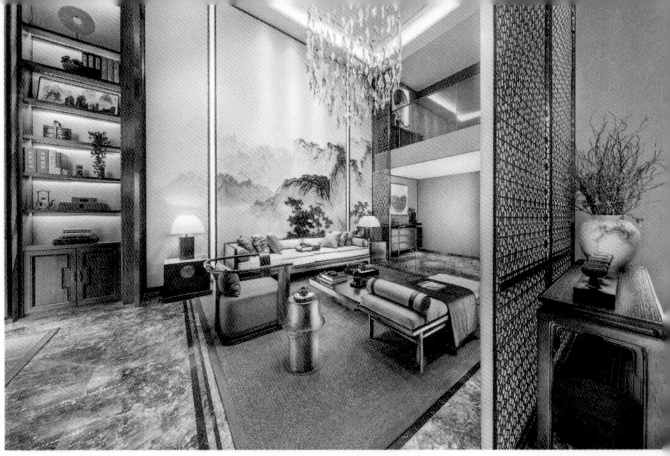

苏州 · 决誉洽谈室

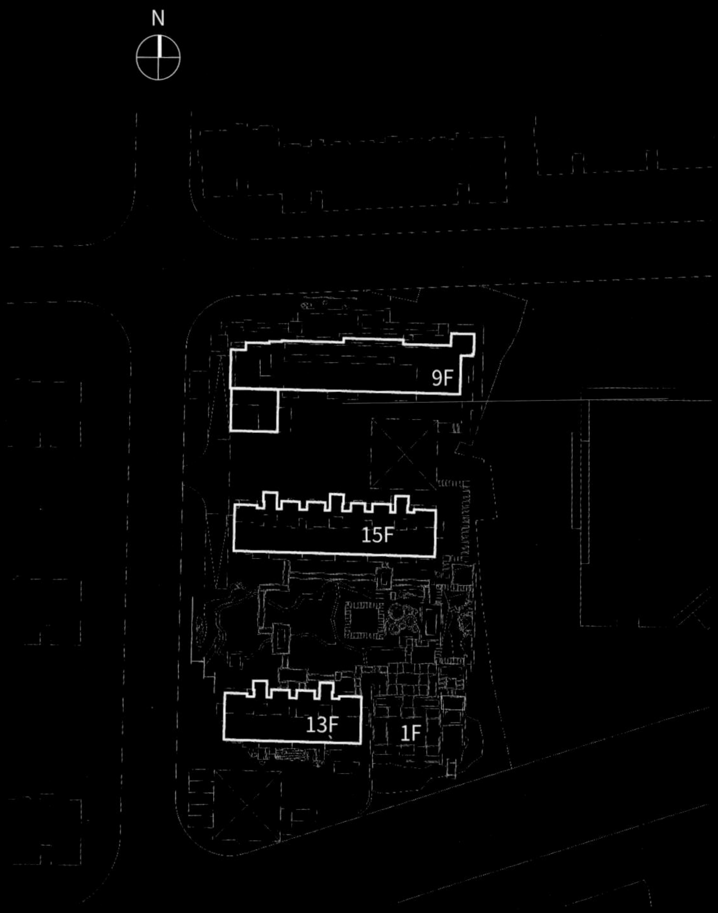
N
9F
15F
13F
1F

福州·央玺

2018年

首个再现福州马鞍山墙的现代地产项目。
一座具有400多年历史的明末苏式古宅，
从苏州将其请至榕城，独一无二。
仅三平方米的福州央玺花厅戏台，
比元代现存的最小古戏台还小。

占地面积：0.78万m^2
总建筑面积：1.49万m^2
容积率：1.89
展示区竣工时间：2018年

建发·央玺位于福州城央二环内长乐北路，紧邻规划中的地铁四号线，周边涵盖各大医院、酒店、教育等优质配套。建发·央玺是建发房产入榕十五载精诚之作，打造建发福州的首个闽派新中式人居，传承一脉东方文化的闽派传统建筑精髓，融合现代建筑设计元素，传递出自然、沉稳和浓郁的现代东方韵味。

福州 · 央玺入口

马鞍山墙

福州 · 央玺广场全景

福州 · 央玺的社区布局分为前庭—中堂—后院，层层递进，是首个遵循福州三坊七巷的三进礼制，再现传统马鞍山墙的地产项目。

马鞍墙师法三坊七巷，充满闽派建筑特色，整体以“形、意、境”为设计理念，马鞍墙飘逸的曲线，挥洒写意，展现了福州传统的坊巷人文气息。马鞍墙面上的题词为《满庭芳 · 晓色云开》：“晓色云开，春随人意；骤雨才过初晴。古台芳榭，飞燕蹴红英。”这首宋代秦观的词文将社区中绿水桥石过人家、水榭亭台悦生活的居住感体现得淋漓尽致。文、景、意浑然一体，让业主位于繁华城央，依然能感受解甲归园的释然。

福州·央玺玻璃笼罩四百年古建

建造细节

马鞍山墙的建造极富挑战。当地传统做法大多直接采用瓦叠，但细部粗糙，也无法满足方案的双弧度设计，因此创新势在必行。建发匠造团队综合比选石材、GRC、铝膜等多种工艺方案，但因自重过大、切割废料过多、防水性能不达标、开模无法重复利用等原因先后排除；最终选择定制小青砖先对墙头进行1:1打样，确认效果可控后垒叠出80%的基本造型，再由老师傅在现场直接以抹灰调整造型和细部，最后以深灰色真石漆覆盖表面，确保墙头曲度的自然表达。

福州央玺马鞍山墙一侧处于室外，一侧接触室内。两侧墙面都选择了防污防褪色的特种白色涂料，日常清理时使用湿布直接擦拭即可去除污渍。室外一侧的墙面在粉刷完涂料后，还用毛毡做了拉毛处理，取得一种毛笔抹过表面的触感，十分细腻。

福州 · 央玺入口青砖雕大门

中国传统建筑中的雕刻以木雕、砖雕、石雕为主，各有千秋。青砖雕刻主要出现在宅院的门头、檐口和基座处，是身份的象征。福州 · 央玺二进堂的门头采用徽州工艺三绝之一的青砖雕，源自具有400多年历史的苏州古宅；典雅庄重，历经百年沧桑，依旧保存完好。门罩额头雕刻五个福纹，寓意五福临门；雀替饰件上雕回纹，上挂葡萄，寓意“多子多福”。匾额题字“紫气徽祥”，语出唐代王勃为唐高宗乾元殿所赋“紫气徽祥，鸣凤呈真王之表”。

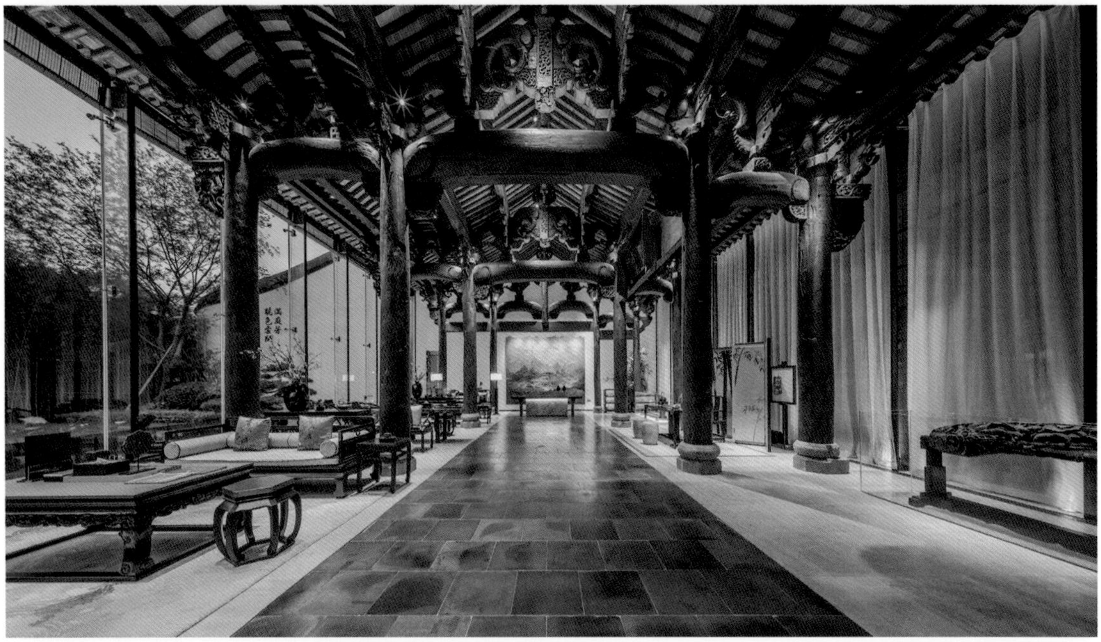

福州 · 央玺售楼处古宅新居

重建过程照片

四百年前古宅新居

中堂内有一座具有400多年历史的明末苏式古宅，原本是古建修复专家朱华明先生的珍藏，建发房产不远万里从苏州将其请至榕城，独一无二，献礼福州央玺的业主。

屋架主体由4000多个零部件组成，主要包括8根栋梁（水平受力），16根庭柱（支撑荷载）、16个雀替（装饰加固），总重达60吨。12名手艺精湛的老师傅，30位传统工艺匠人，按照拆解顺序编号，以古法工艺重建，并用古老木材作局部修复，历时10天营造完毕。

屋架的栋梁（五架梁）称为“冬瓜梁”，两侧是“鱼鳃纹”，因形似冬瓜而得名，后随谐音逐渐简化为“栋梁”，是重要的水平受力构件，寓意“栋梁之材”。栋梁上方的三架梁形似象鼻，又称“象鼻梁”，寓意“太平有象”“万象更新”“吉祥如意”。

“冬瓜梁”与“鱼鳃纹”

“象鼻梁”

福州 · 央玺社区回

福州 · 央玺连廊

福州 · 央玺地下

最小戏台

中国现存的最小古戏台为元代所建，福州·央玺做了一个更小的花厅戏台，空间仅有1.3m×2.6m，可站下三名成人，也可供孩子们排戏演戏，为传承国粹提供一方天地。正所谓“曲绕山水戏台处，昏洒良景侧花厅”，宾朋登门相聚时，倚栏听戏，尽赏芳华，不胜潇洒。

福州·央玺的三进院主体采用苏式古法——木楔榫卯结构工艺建造。每根立柱都由整根原木制成，在苏州工厂完成防腐、防白蚁的药剂加工后，用沥青涂抹柱体根部做防水处理，再运至项目现场安装。每根立柱插入石柱础，表面刮完腻子后需打磨4遍，再用水性深咖色漆涂抹4遍，让色彩逐步稳定，最后用刷子平刷立柱面层，以获得木纹的浮凸质感。

福州 · 央玺地下戏台

福州 · 央玺连廊回望戏台

N
7F
2F
4F
1F
2F
7F
4F
1F
1F
4F
2F
2F
2F
4F
2F
2F
2F
2F
4F
4F

永泰·山外山

2018年

世界再大，不过一个院子。

中式的院子是建筑包围院子，

西式的院子是院子包围建筑。

占地面积：16.85万m^2
计容面积：13.8万m^2（二–六期）
容积率：1.0
展示区竣工时间：2018年

永泰·山外山入口广场

永泰建发·山外山定址福州城市自然资源最精华处——永泰梧桐。项目集纳“游、学、养、艺、商、乐、食、邻、院”九大度假系统，创建“长者学院、青樾逸社、儿童公社、臻善邻里、君澜酒店”五大全龄度假配套，打造约60–140m^{2}新中式半山温泉独院/叠院。于此，人生有山、有院不胜欢！

永泰·山外山核心水景

永泰·山外山样板房

永泰·山外山样板房

多重轴线

福州永泰·山外山项目是建发房产接手的一个改造项目，通过优化产品配比提高可售面积、调整整体布局减少土方开挖、改善车行道路规划节省道路面积、增加公共空间提升产品品质等设计手法，在绿地率保持不变的前提下，综合提升了产品品质，为业主带来了巨大价值和社会口碑，项目本身也起死回生。

建筑设计传承中国传统建筑的精髓，以多重轴线方式控制建筑整体布局，层数为3层，局部4层；以中式院落布局为中心酒店的设计核心概念，组织各个功能分区的流线关系，传承中国传统的空间体验；中心酒店以客房区、公建区、后勤服务区分为三个大区，合理分配三个大区的面积配比。

永泰 · 山外山样一进入口

永泰 · 山外山二进酒店

永泰 · 山外山二进回望

引山纳水

永泰 · 山外山酒店观景平台

景观设计遵循建筑规划整体思路，强调景观与环境的融合，体现度假酒店的景观特质。在保存原有建筑形体、材质特色的基础上，用最节约的设计方式进行提升。应用传统园林的理水手法，水形、水声、水态充分体现以温泉为主题的水之美，同时借景远山，创造宁静致远的山水意境及超然世外的度假酒店氛围。降低成本、缩短工期的同时，基本满足了展示效果的要求，十分难得。

永泰 · 山外山酒店内景

永泰 · 山外山酒店内景

中式意境

室内设计充分利用原有的空间构架，形成强烈中式意境。寻求地域文化主题，注重产品个性及差异设计体验，以简约中式设计风格为主线，追求具有市场识别性及生命力的设计效果。墙与地面采用中性色调的木材和石材，亲切柔和，与白色、黑色、红色形成鲜明对比，以视觉传达生命的张力。

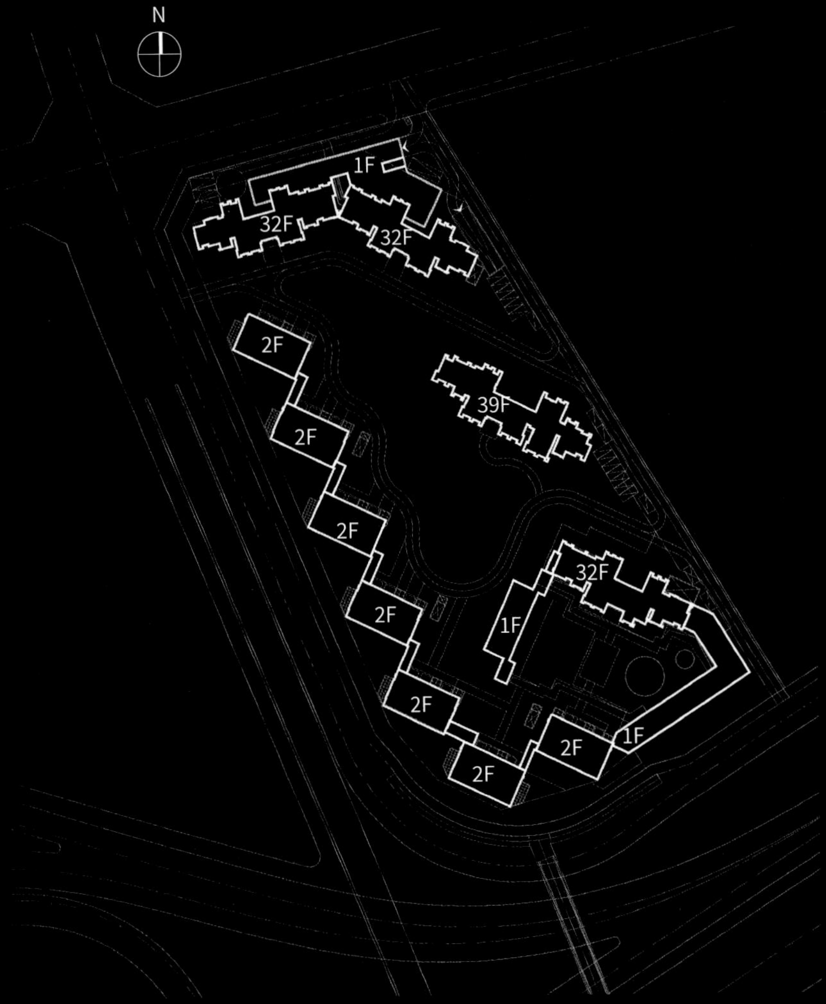

N
1F
32F
32F
2F
39F
2F
2F
32F
1F
2F
2F
1F
2F
2F

厦门·央著

2018年

歇山顶大门取型于中国现存最古老的唐代木构建筑。

首创室内四水归堂，均由实木打造，

厦门首个超千平方米地下儿童成长俱乐部『鲤乐荟』。

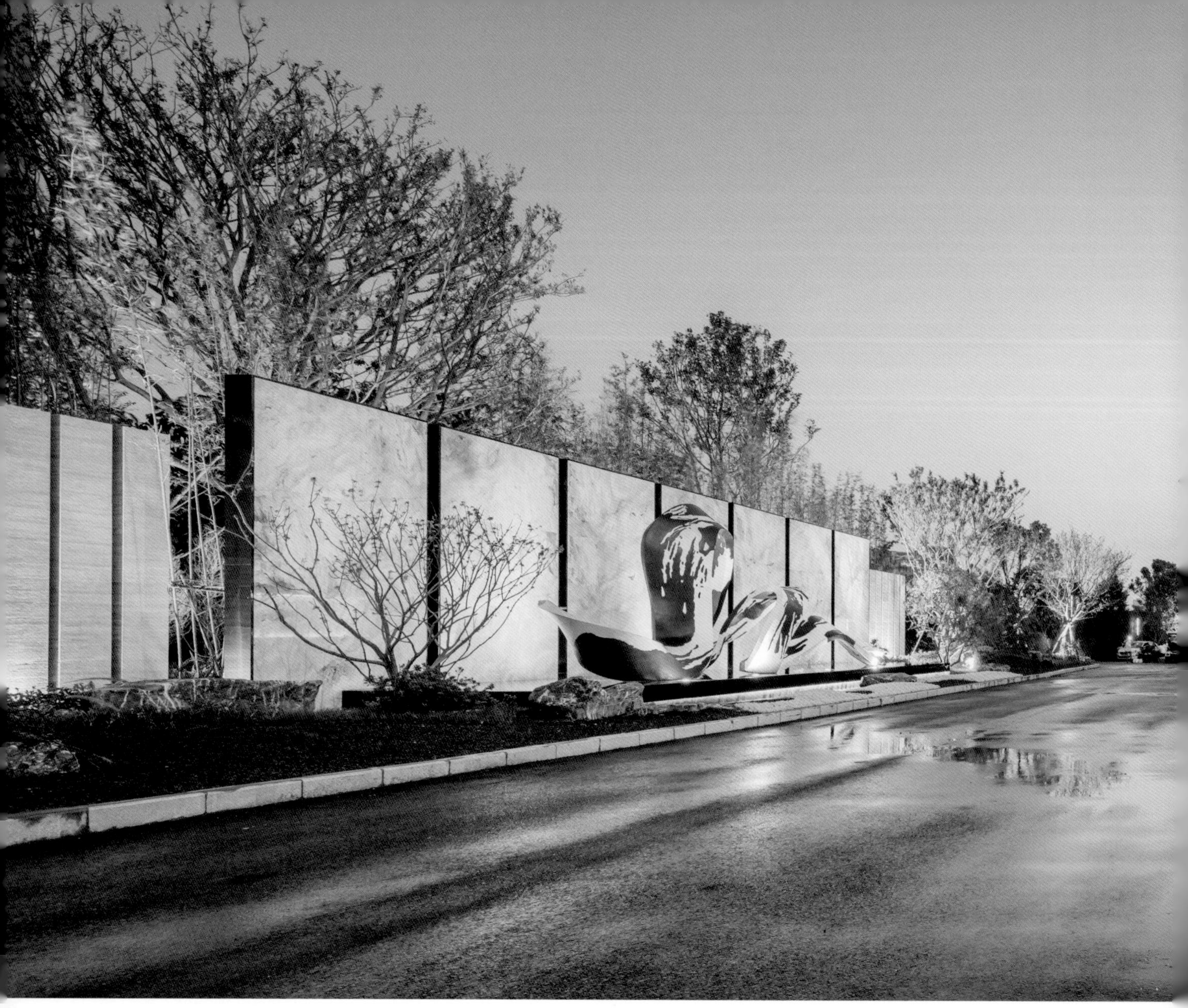

占地面积：2.02万m^2
总建筑面积：9.5万m^2
容积率：2.8
展示区竣工时间：2018年

厦门 · 央著入口广场

建发·央著，度古今气韵，延续高端“城央”系血脉，匠造新中式人居升级大作。择址千亿集美新城贵地，融东方人居精粹于当代生活美学，营造极具浓郁人文情怀和文化底蕴的生活空间，涵盖阔景高层及限量低密商业，辅以厦门首家儿童成长俱乐部——鲤乐荟，并汲取“笔墨纸砚”等文化元素，以“一轴三院四园”致敬千年礼序归仪，盛呈厦门独一无二的新中式人文新奢雅宅。

大门

传统建筑受到儒家礼学的影响，端庄对称，讲究礼仪秩序。唐朝作为中国历史上的一个鼎盛时期，建筑形体更是恢宏沉稳，建发房产一直致力于在现代都市中呈现具有唐代风仪的儒礼大门。

建发的第一和第二代产品中，大门檐口深远，色彩沉稳，已唐韵十足，而集美·央著作为第三代产品，该如何有所突破呢？我们从中国现存的最古老的唐代木构建筑中寻求灵感，它的形体比例艺术造诣至今令人惊叹·…… 于是第三代的大门最终构思成形，古朴大气。

接下来的问题是如何实现这样的质感效果，毕竟纯木的传统材料已难以满足时代的需求。

寻根传统，3000多年前，商王宫殿中就已有最早金属构件，饰以龙虎纹和饕餮纹，用来加固木梁。金属造房古而有之，大气耐久，运用现代金属工艺来装饰古韵尔雅的央著大门显然是一个可行的方法，但金属的表面平整度、拼缝的精确度、焊点的隐藏与打磨，电镀光泽的效果，现场安装及维护等等，都是摆在眼前的技术难题。

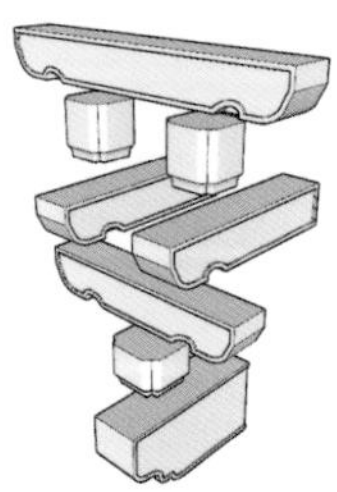

央著大门最远要实现4m的出挑，为了使檐口不显粗拙，需要控制屋顶自重与工艺。多次论证后，我们决定在檐口下部采用不锈钢，起结构支撑与饰面作用，檐口以上的部位采用铝板。为取得传统瓦垄的效果，铝板单独开模。

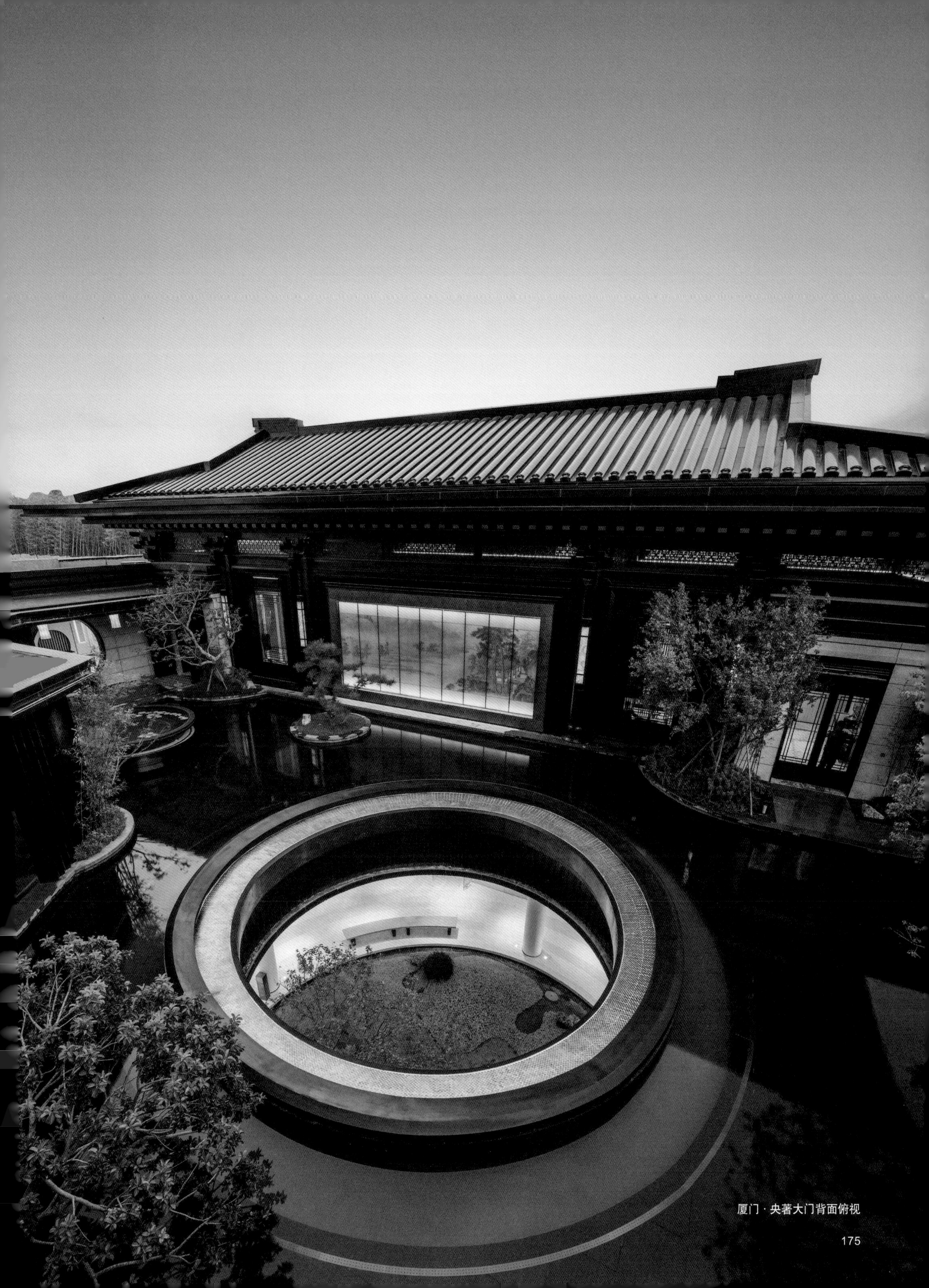

厦门 · 央著大门背面俯视

接着要解决建筑的装饰效果问题。为保障图案精细度，拼花造型用不锈钢板激光雕刻贴花，雀替用暗纹转印，现代工艺能做出比传统木纹更加精细的纹路，但再现斗栱造型却是很难的。为再现传统建筑中具有代表性的元素，我们决定迎难而上。最终我们用8个金属构件再现传统斗栱的泥道栱、华栱、散斗、耍头等，展现了斗栱最为基本的要素，每一个构件都经过反复打样，从双面满焊到单面点焊，从简单造型到增加有层次感的围边。对于工艺的探索与追求辛苦而有意义。

为了避免现场施工的粗陋，保证金属构件整体美观，安装方式尤为重要。基础土建和金属预制构件是两套体系，误差是必须直接面对的问题。我们使用了镀锌铝板保证基层的平整，为不锈钢的表面平整度及拼缝的精确度奠定了良好的基础，给斗栱所有的金属拼缝都设计了留缝的位置，以便于整体组装成型。直棂窗与圆柱高达3−4m，现场安装困难误差大，在深化图纸的时候，均设置了留边，合理利用容差。
最后调色也成为体力活。为了让大门在日光下整体发出紫铜色的光芒，我们不断在工厂打样出成品，运到现场验色，6次调试后，质感色彩才过关。

建发匠造者用自己的智慧解决一个一个难题，对于工艺的执着追求，似乎到了一种偏执的地步。终于，2018年9月，一个不怕风吹雨淋，有着木质色系、黄铜色华贵质感的集美央著儒礼大门终于亮相。大门整体上呈现为五间五架的构造效果，两边一字影壁对排，端庄雄浑。屋顶采用歇山顶，共有九条屋脊，即一条正脊、四条垂脊和四条戗脊，在传统的5个屋顶等级（庑殿、歇山、悬山、硬山、卷棚）中，歇山顶等级尊贵。整个大门室内外材质风格统一，飞檐、雀替、椽子、斗栱、直棂窗等传统建筑元素和谐共生，在一对雄狮的护卫下，作为建发特有的一进礼仪大门，熠熠生辉。

厦门 · 央著一进大门门厅内景

厦门 · 央著金属挑檐

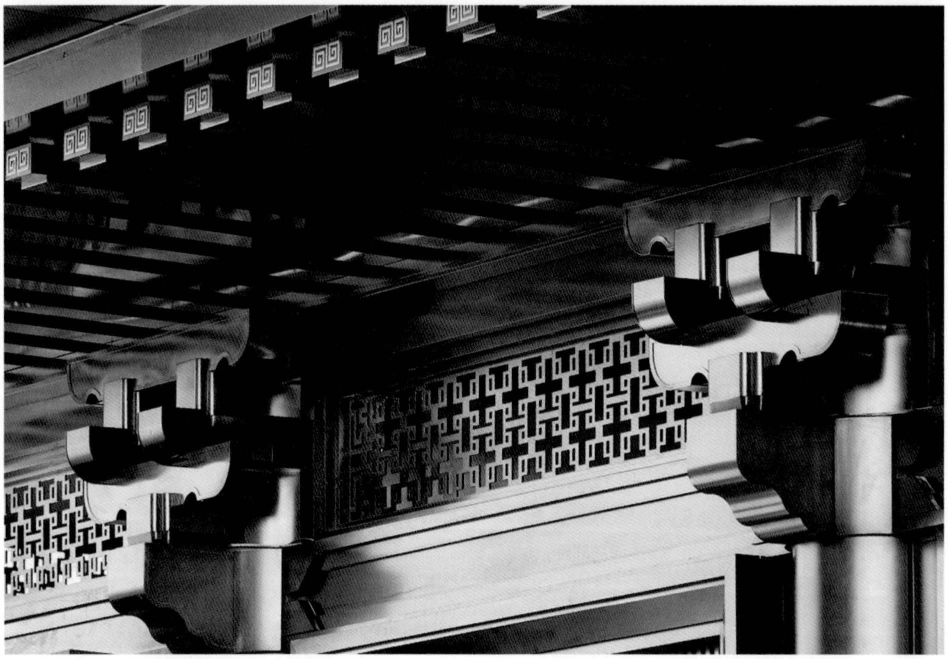

厦门 · 央著金属斗栱

厦门 · 央著金属格栅

厦门 · 央著入口礼序景灯

厦门·央著二进室内四归水堂

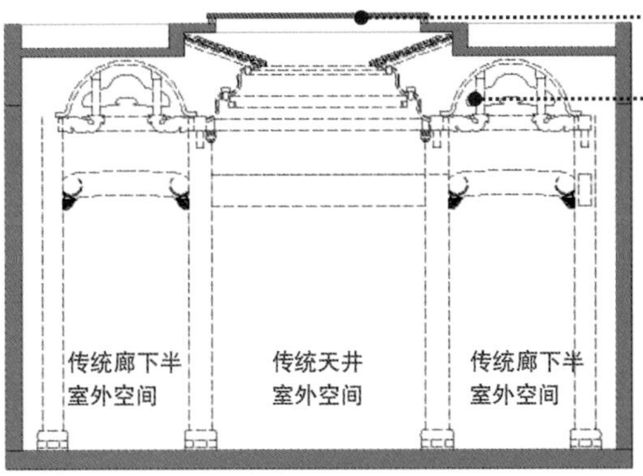

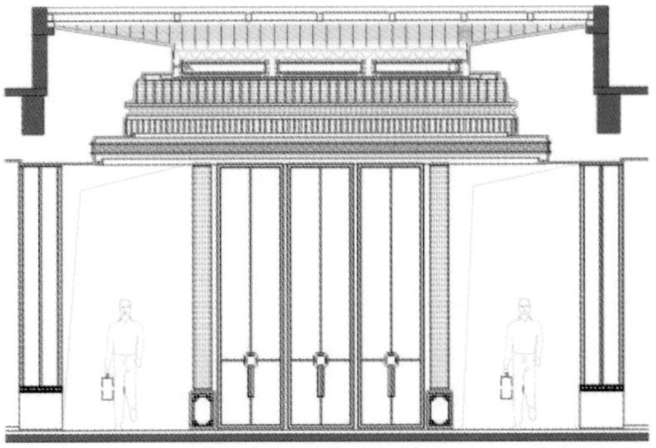

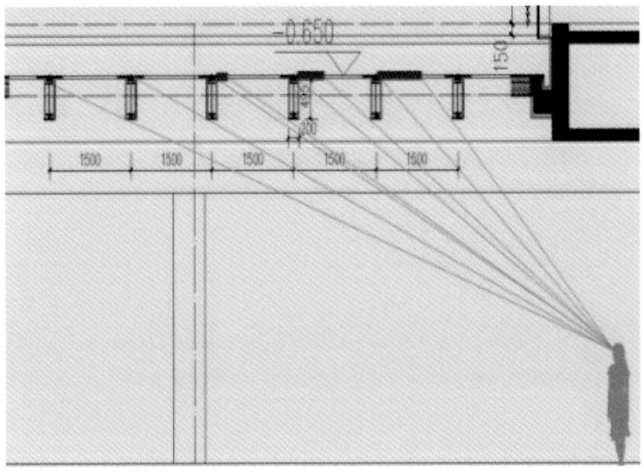

厦门·央著图纸

室内四水归堂

厦门·央著的四水归堂是建发首个室内四水归堂。它萃取传统四水归堂（室外空间）和檐步轩廊（灰空间），在现代结构框架内重新组合，形成内向的天井空间。内部的穿斗式木架结构收集自安徽祁门洪港镇进士第王氏，八新八旧，均由实木打造，大小定格后再反推建筑外皮的大小——看起来比四百年的古宅还要老，但其实是一个新建筑：里面有百年的石墩，有老木头，也有做旧的新木头，雕龙画凤的工艺都由60岁以上的老匠人耗时数月完成：左侧大梁雕刻文状元及第图，右侧大梁雕刻武状元及第图；连接天井四柱和梁的雀替是狮子形象，象征智慧；边上的梁托是鳌鱼，寓意“独占鳌头”；穿梁上雕刻祥瑞的草龙莲花，呼应学府之风。

新旧材料衔接自然，外部的钢筋混凝土结构保护着木构架；无框的整片玻璃为木构架撑起一片纯净的天空，下雨之时，便可听见雨水叮咚，别有一番趣味。

架空层

为了打造精致的半户外活动空间，设计团队将架空层的一些功能区域引导至室外，并将各楼栋的架空层贯通，针对老人、孩子、成人等不同年龄层的需求进行设计，空间充足且无惧风雨。此外，架空层还通过格栅与绿植墙使空间隔而不断，可合可散。前区会客，后区休闲，倚靠清池，点点游鱼拨树影，营造“翠痕过墙，引春入庭；修竹当空，送风到耳”的意境，满室乐趣，可游可居，不胜惬意。

厦门 · 央著社区架空层

鲤乐荟

厦门 · 央著鲤乐荟娱乐空间

厦门首个超千平方米儿童成长俱乐部“鲤乐荟”设于地下，是建发房产对儿童活动场所的大胆尝试，更是整个项目的点睛之笔。立项之初，设计团队对该区域上下空间风格的跳转存有疑虑：传统中式风格的项目做色彩鲜艳的儿童活动区是否合适？经过多番研判，团队坚持“合适的才是最好的”的初衷，针对儿童心理，撷取《山海经》中的诸多意象，围绕“天圆地方”空间里的“一池三山”，打造了“鲤学堂”“鲤想堂”“鲤绘堂”“鲤思堂”“鲤乐堂”“鲤品堂”“鲤艺堂”等七个功能区，让每位小业主得到全方位的发展。

厦门 · 央著鲤乐荟全景

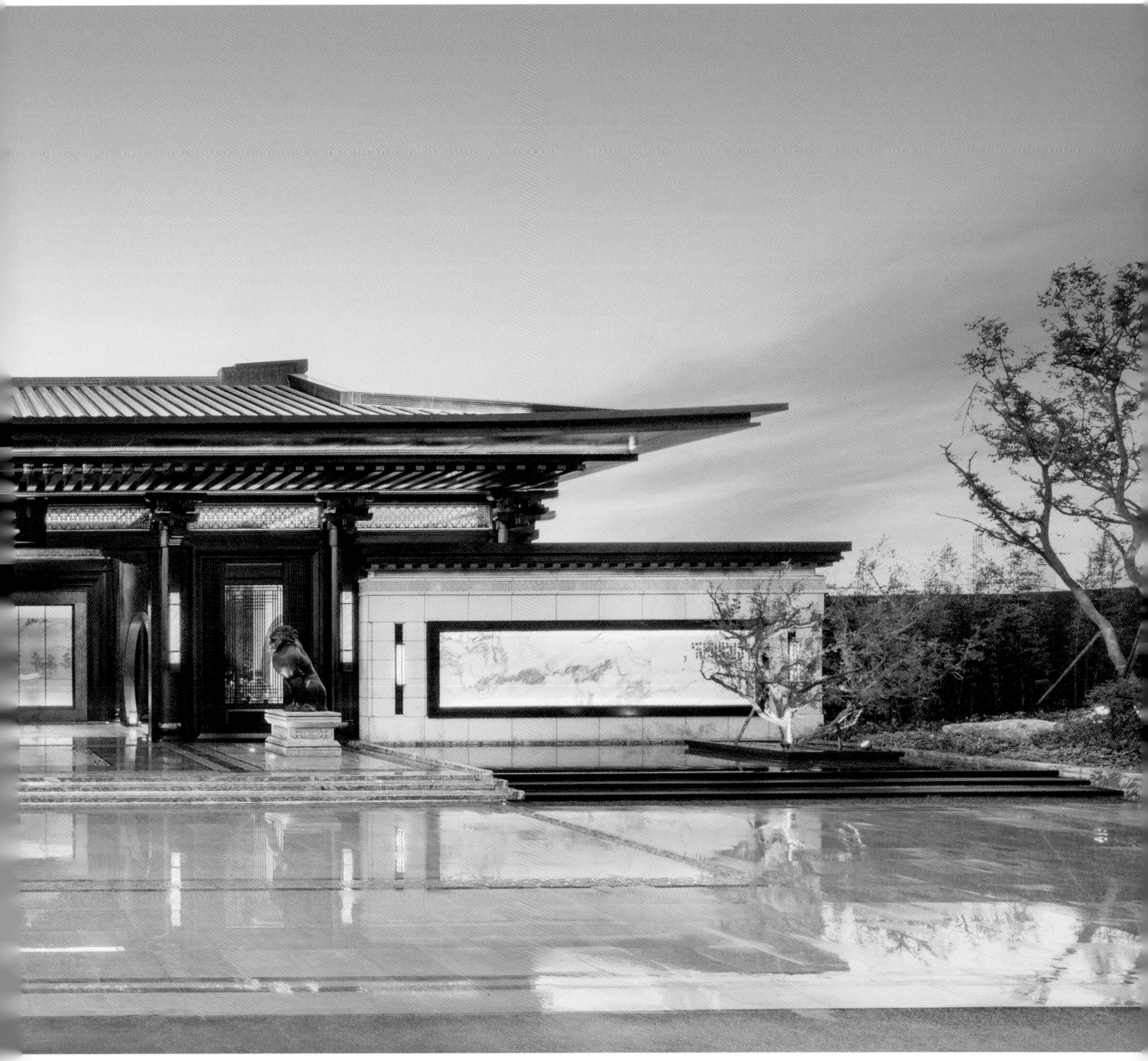

厦门 · 央著入口大门正立面

N
34F
2F
33F
34F
3F
34F
33F
7F
1F
18F

广州·央玺

2019年

师法余荫山房，汲取岭南文化精髓，以灰塑、窗屏风入园，创新圆形天井院，古今中外，在此交融。

占地面积：4.55万m^2
总建筑面积：20万m^2
容积率：3.66
展示区竣工时间：2019年

广州 · 央玺大门及入口广场

广州 · 央玺项目位于广州白云新城滨江宜居板块，雄踞地铁8号线、12号线、13号线三线交汇之地，坐享成熟配套；拥河揽园，领湖望山，匠造大美中式水岸双园社区。项目由11栋18～34层的建筑组成，户型约90−144m^{2}三到四房，涵盖平层及复式产品。

百鸟朝凤灰塑

广州 · 央玺二进百鸟朝凤灰塑

灰塑的主料是石灰，辅料有稻草、纸浆、糯米浆、红糖、桐油、盐等，无惧雨水冲刷，时间越久越坚固。上色时使用矿物颜料，可保持百年之久。广州·央玺诚意邀请国家级非遗灰塑大师亲自操刀，以清代沈诠名作《百鸟朝凤》为蓝本，历时数月，创作单幅尺寸达15m×2m的巨幅《百鸟朝凤》灰塑。

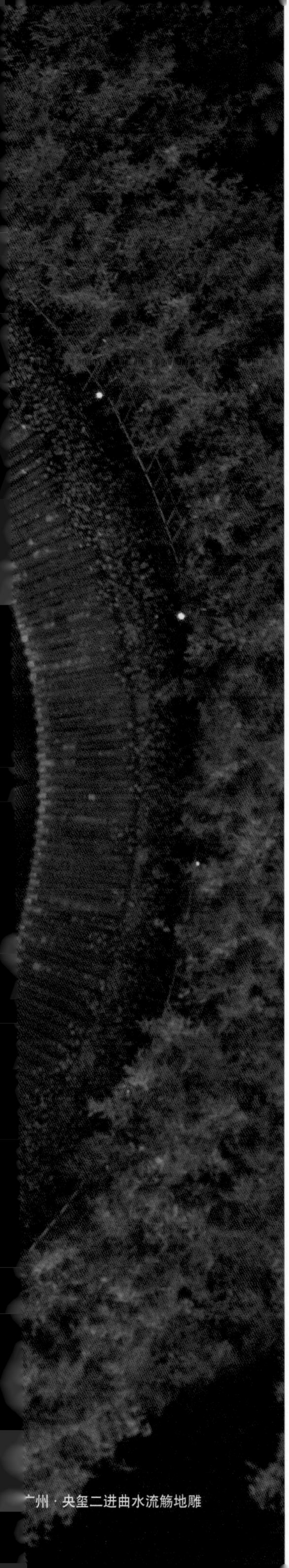

广州·央玺二进曲水流觞地雕

曲水流觞地雕

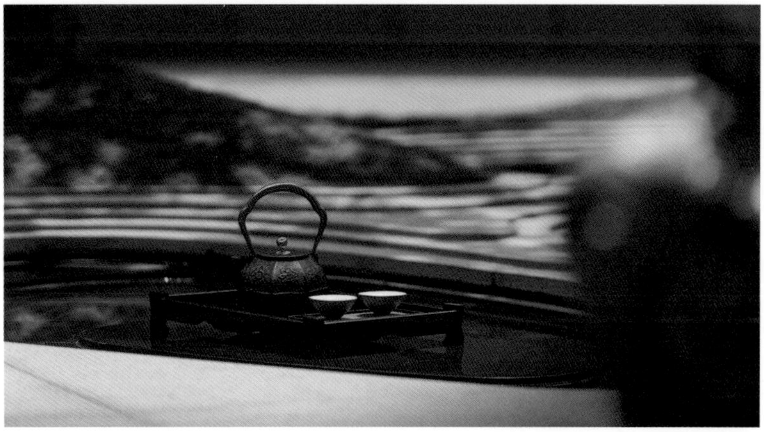

曲水流觞是文人墨客诗酒唱酬的一件雅事。三月三日上巳节的袚褉仪式之后，大家坐在河渠两旁，在上游放置酒杯。酒杯顺流而下，停在谁的面前，谁就取杯饮酒，寓意除去灾祸不吉。

我们应用现代工艺，希望以最新的设计语言来重塑"曲水流觞"的中式意境。采用叠级，将行书和曲水流觞的节日习俗相结合。立面上，地雕整体逐层切割，字纹深浅随笔触力度变化；平面上，圆形字纹划分为若干块，根据实际纹理的深度绘制相应图纸。石板经机床切割打磨后再运至现场累叠，通过凹陷呈现雕刻感。

围坐于圆形下沉庭院屋檐下，看宛若河流的叠级石雕，恍若穿越千年，席坐于兰亭溪畔，乘兴而书、即兴赋诗，举杯一饮而尽，快哉！

电梯厅核桃木扇屏风

核桃木扇屏风

广州·央玺二进的电梯厅和下沉庭院共有二十三扇核桃木格栅屏风，借鉴余荫山房岭南窗的设计。屏风中间的圆形扇面上绘制二十四孝故事，表达对传统文化的尊重。

下沉庭院核桃木扇屏风

广州 · 央玺三进跨绿桥

广州 · 央玺一进金水桥

广州 · 央玺二进连廊

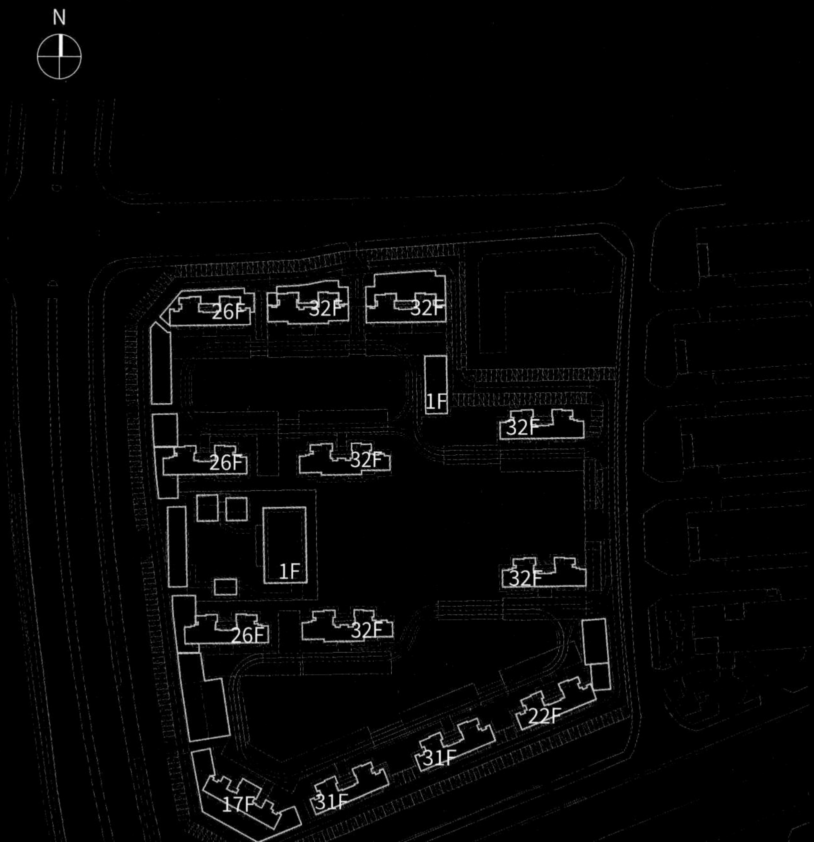
N
26F
32F
32F
1F
32F
26F
32F
1F
32F
26F
32F
22F
31F
17F
31F

建阳·玺院

2019年

现代中式风格，寥寥数笔，收放相宜，见微知著，是建发房产目前最为简洁的中式风格。

占地面积：5.1万m^2
总建筑面积：19.2万m^2
容积率：2.9
展示区竣工时间：2019年

建阳 · 玺院大门及入口广场

建发建阳 · 玺院位于福建南平市建阳童子山旁，临近崇阳溪。南平市地处闽、浙、赣三省交界处，俗称“闽北”，是福建省文化底蕴最深厚的地区之一，境内武夷山是世界文化与自然遗产地。

“半亩方塘一鉴开，天光云影共徘徊”。设计概念由此展开，提炼出“书院行舟”，结合极简美学之韵和现代中式的简约精致，借简练质朴的线条彰显宋代美学低调、内敛、沉静的特质。学海无边，书院为舟，在大量留白的空间背景下，营造淡雅简约、流动空灵，满载中式人文底蕴的书香意趣。

建阳 · 玺院二进镜面水景

镜面水景

穿过销售中心，移步位于中轴线上的木平台，开阔的大面水景尽收眼底。三株丛生乌桕在水上各自成景，于晚对亭观水又是不同的景致。

迈入通向样板间的下沉通道，水中漫步之感油然而生。台阶逐级向下，观景视点由高至低，解决高差的同时，也给人以别样的空间体验。

书院行舟

地面铺装诗文点缀

建阳 · 玺院二进镜面水景

靠近门楼的乌桕下是10吨的整石“行舟”雕塑，舟中流动的汩汩泉水，为平静的水面增添一丝生机。“问渠那得清如许？为有源头活水来”，既是自然之理，也是为学之道。地面铺装简洁大方，其中点缀了朱熹的诗句，为空间增添了精致感。

建阳 · 玺院二进镜面水景

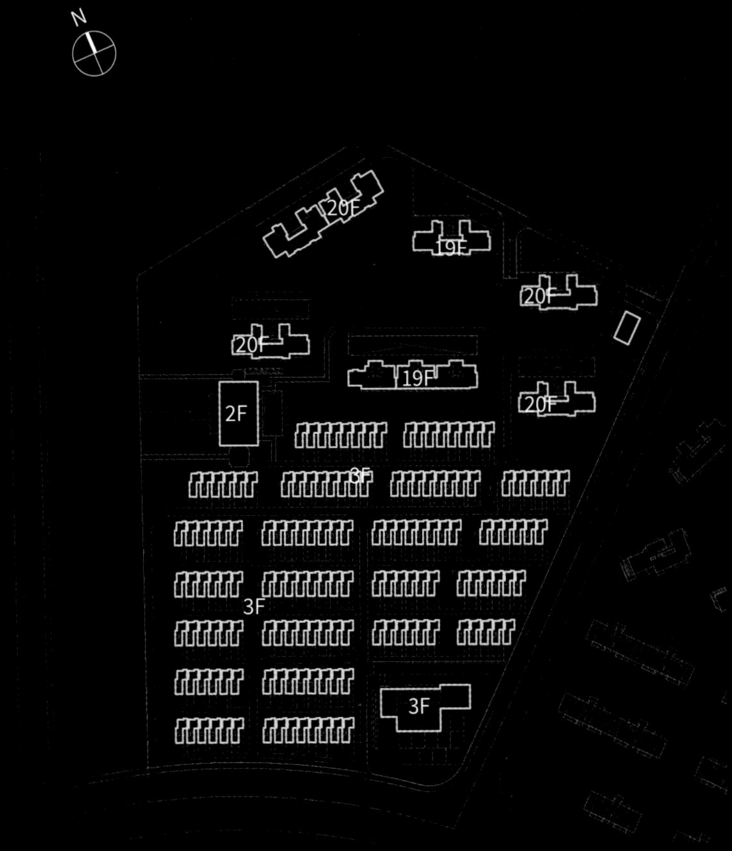
N
20F
19F
20F
20F
19F
20F
2F
3F
3F
3F

武汉·玺院

2019年

创新自由布局的三进院落空间，方圆之间，神似而形不似，
可不对称、不规则，寓意不同，但礼序不变。

占地面积: 7.4万m^2
总建筑面积: 15.7万m^2
容积率: 1.4
展示区竣工时间: 2019年

武汉 · 玺院一进主入口

武汉·玺院位于武汉东湖高新区，雄踞自然风光秀丽的武昌后花园花山生态新城核心区域，长江、东湖、北湖、严西湖、严东湖等“一江四湖”环绕四方。玺院项目总建筑面积约15万m^2，由6栋高层住宅，150套联排别墅组成；以建筑为载体，探索东方美学与智慧，以真挚匠心呈现中式大美。

武汉 · 玺院

武汉 · 玺院

武汉 · 玺院

三进礼序

武汉·玺院的三进空间与传统相比，形似而神不似。

传统的三进空间，常采用中轴对称布局，而武汉·玺院展示区不再拘泥于传统，把三进空间打散，自由分布在场地中，使游览流线更加自然，富有生活情趣。把“碧落听琴”“曲水流觞”和“伯牙鼓琴”等主题融入圆形空间、曲线空间、矩形空间，让传统文化在现代载体中迸发新的生命力。

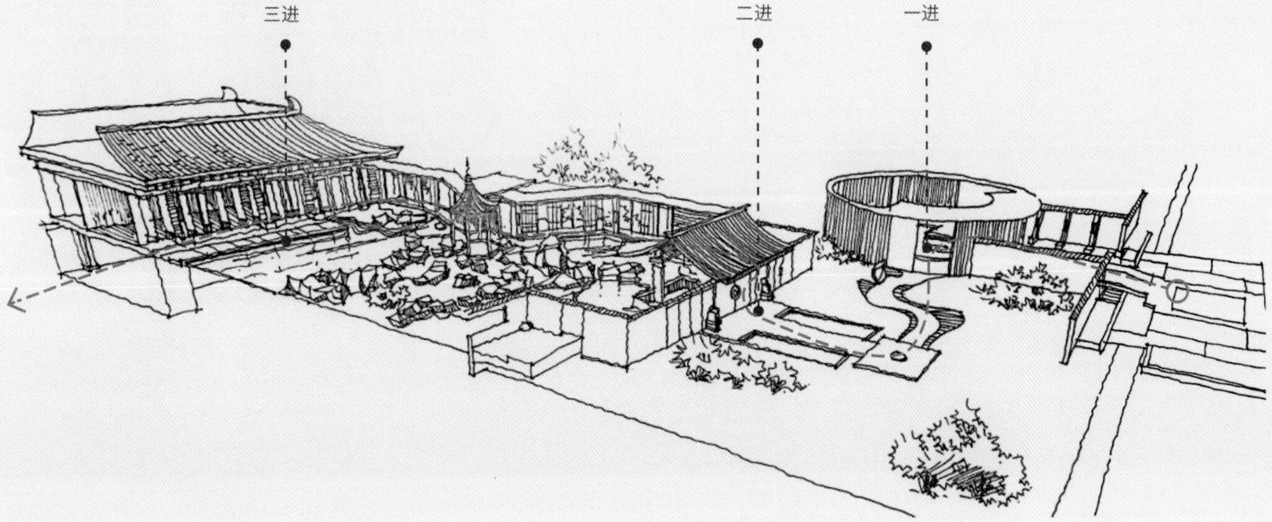

武汉·玺院展示区空间示意

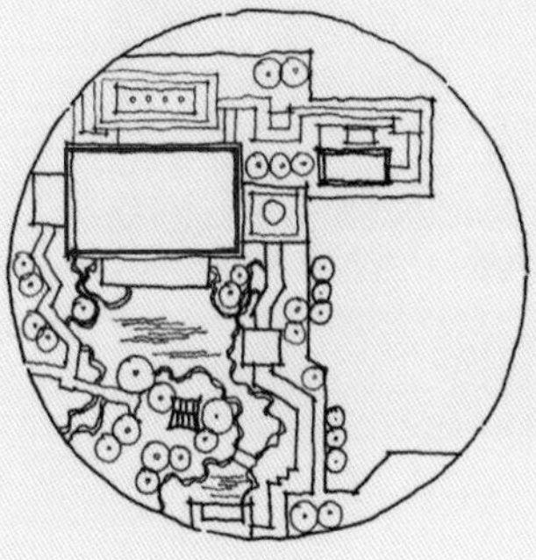

伯牙鼓琴

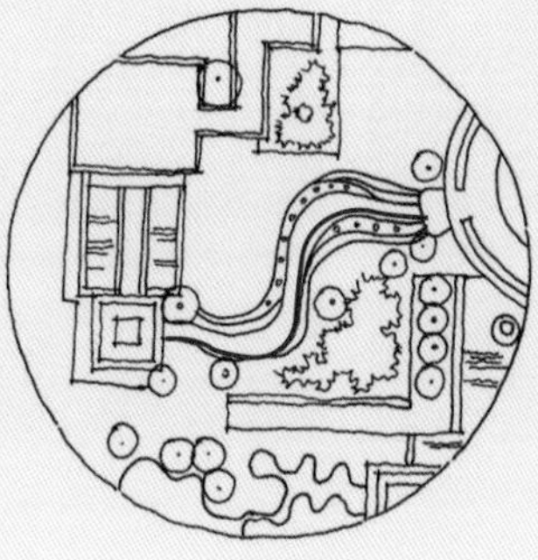

曲水流觞

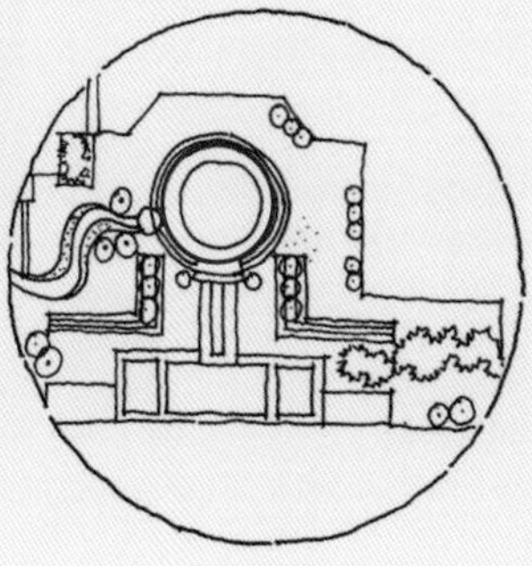

碧落听琴

描摹

焊接

修缮

做旧

武汉·玺院三进知行书院

吻兽

吻兽也叫吞脊兽，是中国古代高规格建筑屋脊上最主要的装饰物。武汉·玺院三进知行书院的屋顶吻兽以宫廷造办处大师手绘吻兽图中的神兽鸱吻（龙之第九子）为蓝本，先用黏土雕塑吻兽泥稿，翻模定型，将铜板覆于表面，以火烧铜板至软化，使其与定型贴合。接着对照吻兽设计手稿，以锻造、焊接工艺拼接出立体造型，同步做拉丝打磨，处理焊缝，使其表面平整美观。再将处理好的吻兽放入化学氧化池，浸泡30分钟后取出二次拉丝，做出颜色并进行烘烤干燥。最后喷漆送入烤漆房烘烤8小时，如此反复三次。吻兽承袭汉唐建筑风骨，尽显皇家威仪气度。

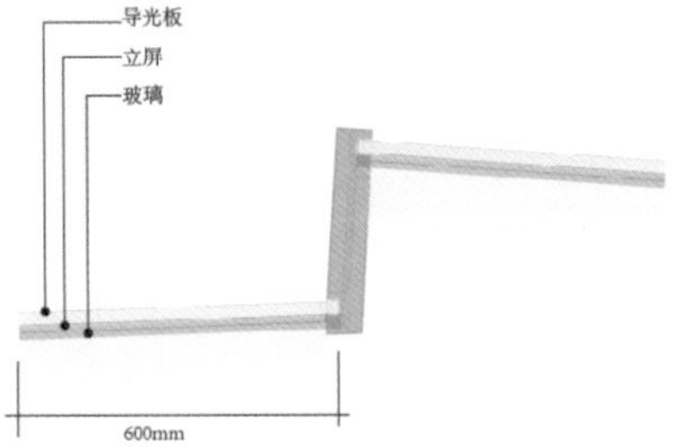
导光板
立屏
玻璃
600mm

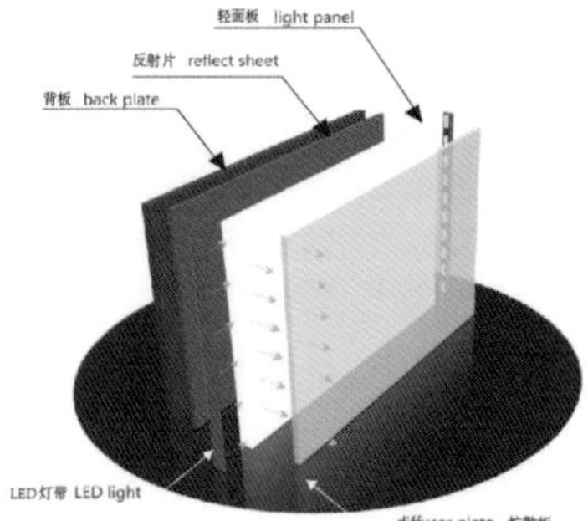
轻面板 light panel
反射片 reflect sheet
背板 back plate
LED灯带 LED light
diffuser plate 扩散板

武汉·玺院一进玻璃画发光场景

导光板

武汉·玺院一进玻璃壁画，高达5m。如何使这么大的玻璃面板均匀发光是一大难题。解决方案是在玻璃面板内部夹一层导光板。这层导光板是光源的传播介质，它以光学级PMMA亚克力材料为基材，采用高端的3D激光雕刻工艺。当光源从侧面进入导光板射到点或线时，反射光会往各个角度扩散，从而实现导光板的均匀发光。

全国性荣誉

2018客户满意度全国第3名
2018房屋质量满意度全国第1名
2018投诉处理满意度全国第1名
2018物业服务满意度全国第4名
中国房地产企业最佳雇主品牌30强
2019中国房地产开发企业50强第39位（连续八年入围）
2019中国房地产开发企业综合发展10强第5位
国家一级房地产开发资质
中华慈善总会授予“中华慈善突出贡献单位奖”称号
金融资信AAA级企业
建设行业企业信用AAA级单位
全国“守合同，重信用”企业
全国房地产诚信企业

荣誉

地方性荣誉

福建省著名商标
福建省建设厅首批房地产品牌企业
海西（中国）房地产领军企业
福建省房地产企业百强首位
特区30年·城市贡献标杆地产企业
厦门最具慈善捐献突出贡献单位
厦门地产标杆企业
厦门市十大最具影响力地产品牌
厦门地产最荣耀品牌房企
上海地产企业大奖
长沙市房地产行业最佳企业公民
长沙地产企业十强
成都地产年度企业金奖
成都市最值得信赖房地产企业
成都购房者最值得期待品牌开发企业
成都新十大房产品牌企业
成都慈善企业

设计类奖项

厦门建发国际大厦获2013年亚洲及澳洲地区最佳高层建筑提名奖
苏州建发·中泱天成售楼处获2015年艾特奖最佳陈设艺术设计奖
苏州建发·中泱天成售楼处获2015年APIDA亚太地区室内设计大奖
苏州建发·独墅湾展示区获2015年金盘奖“年度最佳预售楼盘奖”
厦门建发·央玺展示区获2015年金盘奖别墅类年度网络人气奖(华南赛区)
厦门建发·央玺展示区获2015–2016年地产设计大奖优秀奖 项目综合奖金奖
上海建发·玖龙湾样板房获2016年艾特奖最佳样板房设计奖
上海建发国际大厦展示区获2017年德国红点奖
长泰建发·山外山等三项目获2017–2018年地产设计大奖优秀奖
长泰建发·山外山售楼处获2018年意大利A’ DESIGN AWARD银奖
福州建发·央玺获2018年金盘奖空间类“华南、华中地区年度最佳售楼空间奖”
长沙建发·央著获2018年金盘奖“年度最佳预售楼盘奖”
厦门建发·央玺获2018年金盘奖“年度最佳住宅奖”
厦门建发·央著鲤乐荟获2019年全球卓越设计奖(GEA)(教育类)大奖
上海·央玺获2019年美尚奖人文气质豪宅银奖
福州建发·央著、福州建发·央玺、厦门建发·央玺、厦门建发·央著、漳州建发·碧湖双玺、三明建发·玺院、建瓯建发·玺院、长沙建发·央著、无锡建发·玖里湾、厦门弘爱医院项目获2018–2019年地产设计大奖优秀奖
厦门建发·央玺大盘区获2018–2019年地产设计大奖 设计专项奖银奖
厦门建发·央著获WLA世界景观协会2019年居住类一等奖
福州建发·央玺获2019年意大利A’ DESIGN AWARD铂金奖

截至二〇一九年四月

工程类奖项

洋唐A09地块获2012年度福建“省级示范工地”
翔城国际获2013年度福建“省级示范工地”
翔城国际B04地块获2013年全国保障性住房设计专项奖三等奖
厦门国际金融中心获2014年度福建省“闽江杯”优质工程奖
洋唐A09、B05地块A09#–A13#及地下室获2015年度福建省“闽江杯”优质工程奖
洋唐居住区A09B05地块、A11地块获2015年福建省施工现场优良项目
洋唐居住区保障性安居工程A09、B05地块获2016–2017年度中国建设工程“鲁班奖”国家优质工程
海沧新阳居住区保障性安居工程一期获2017年度全国建设工程项目安全生产标准化建设工地(AAA)
海沧新阳居住区保障性安居工程二期获2018年度福建省建设行业“思总建设杯”架子工岗位技能竞赛获奖
洋唐居住区保障性安居工程A09、B05地块获2017–2018年度“安装之星”中国安装优质工程
洋唐居住区保障性安居工程二期A11地块获2018–2019年度第一批国家优质工程奖
厦门弘爱医院获2018年首届优路杯全国BIM技术大赛—铜奖
厦门弘爱医院获2018年匠心奖中国医疗建筑设计优秀项目
厦门弘爱医院获2019年首届中国十佳医院室内设计方案评审第六名

建发房产产品史
现代欧式产品
1984
厦门华侨新村
1994
厦门白鹭苑
1999
厦门建发花园
2000
厦门鹭腾花园
厦门汇禾新城
新中式产品
2001
厦门海韵园
代建公建产品
1988
厦门海滨大厦
厦门海光大厦
石狮狮城国际广场
厦门国际会议中心
厦门国际会议中心音乐厅
2008
2010
彭州市人民医院
厦门国际会议中心酒店

厦门山水芳邻
2005
2007
长沙湘江北尚
厦门时尚国际
厦门上东美地
2008
厦门爱琴海
厦门书香佳缘
2004
福州风景蓝水岸
厦门绿家园
2003
厦门新家园

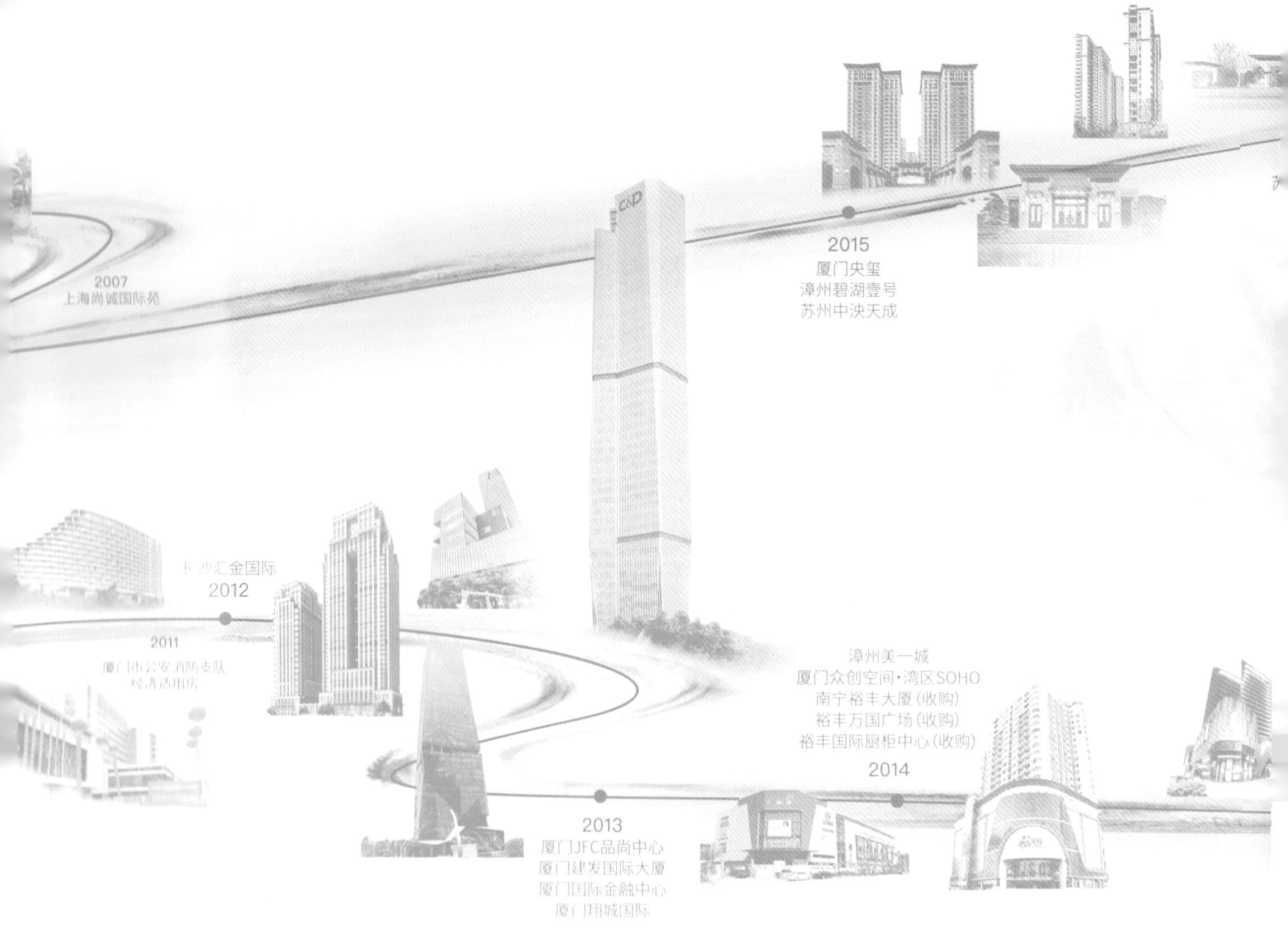
2007
上海尚诚国际苑
2015
厦门央玺
漳州碧湖壹号
苏州中泱天成
长沙汇金国际
2012
2011
厦门市公安消防支队
经济适用房
漳州美一城
厦门众创空间·湾区SOHO
南宁裕丰大厦(收购)
裕丰万国广场(收购)
裕丰国际厨柜中心(收购)
2014
2013
厦门JFC品尚中心
厦门建发国际大厦
厦门国际金融中心
厦门翔城国际

9
亚哥
汇景
国际
2010
厦门中央美地
漳州半山墅
2011
2012
长沙汇金国际
厦门半山御景
成都浅水湾一期
成都金沙里
成都天府鹭洲
上海新江湾景苑
福州领地
福州皇庭美域
上海江湾萃
福州皇庭丹郡
2013
2014
上海璟墅
厦门央墅
厦门央座
厦门翔城国际
漳州建发美一城
建阳悦城
厦门中央湾区

2016
州独墅湾
2017
上海央玺
长泰山外山
长沙央著
苏州泱誉
合肥雍龙府
泉州中泱天成
连江领郡
长沙中央悦府

2015
厦门悦享中心
南平建阳悦城中心
厦门档案大楼
埔社区发展中心项目（一期）
厦门明溢花园
2016
厦门湾悦城
厦门凯悦酒店
厦门自贸区中心渔港

2015
福州国宾府
上海公园首府
上海珑庭
上海新江湾华苑
成都中央鹭洲
龙岩上郡
泉州珑璟湾
2016
成都鹭洲国际
成都翡翠鹭洲
厦门翰宫
三明燕郡
三明永郡
上海玖珑湾
厦门中央天成
厦门中央天悦
龙岩央郡
长沙中央公园
2017
成都第五大道
成都中央湾区
福州领墅
泉州珑玥湾
云霄半山御园二期
南平建瓯悦城一区
2018
2019
深圳南庄项目
泉州珑璟湾三期
建瓯悦城二三期

福州央玺
建瓯玺院
厦门央著
三明玺院
南宁玺院
福州央著
苏州璞悦
长沙央玺
深圳玺园
太仓泱著
太仓泱誉
南京央誉
建阳央著
建阳悦府
三明央著
漳州玺院
龙岩首院
龙岩玺院
连江玺院
无锡玖里湾
连江山海大观
漳州碧湖双玺
张家港御珑湾
福州永泰山外山
2018
广州央玺
漳州央著
珠海玺院
张家港泱誉
南京国宾府
杭州三墩北项目
杭州庆隆项目
武汉玺院
武汉江夏P66项目
珠海玺园
福州榕墅湾
厦门玺樾
武夷山外山
建阳玺院
莆田央著
莆田央誉
仙游PS-2012-20块
2019

海沧新阳地铁社区一期
厦门弘爱医院
厦门金枋至尊安置房
中国人民银行厦门市
中心支行营业办公用房
2018
2017
上海建发国际大厦
成都鹭洲里
上海君逸大厦
厦门金砖五国会议主会场
洋唐居住区保障性安居工程
厦门金枋世家
厦门钟宅拆迁办公楼
湖里区文化艺术中心及
后埔社区发展中心项目（二期）
后埔社区发展中心项目（一期）-北楼
厦门畲族社区安置房A区
美仑花园安置房
金林湾花园B区安置房
后埔社区发展中心项目
钟宅新家园改造
后吴公寓
翔安新店保障房地铁社区
翔安新店林前综合体
海沧新阳保障性住房
黄厝会议中心安置房
欧厝新村建设工程
薛岭安置房
枋湖安置房
厦门湖里区社会福利服务中心
洋唐保障性安居工程三期
中国人民银行厦门中心支行
新建发行库房和人防工程
后埔社区发展中心项目（二期）
祥平保障房地铁社区三期项目
新浦嘉园安置房项目
澳头特色小镇代建项目
厦门弘爱妇产医院
2019

建发房产

以匠心营造每一个产品